KB264945

스무색깔 스무느낌

스무색깔 스무느낌

지은이 | 박운석
펴낸이 | 김원중

편   집 | 윤예미, 김현정
디 자 인 | 옥미향
마 케 팅 | 김재국 · 정용범
제   작 | 서 영 · 박미선

초판인쇄 | 2007년 11월 07일
초판발행 | 2007년 11월 15일

출판등록 | 제313-2007-000172호(2007.8.29)

펴 낸 곳 | (주)상상나무
         도서출판 상상예찬
주   소 | 서울시 마포구 상수동 324-11
전   화 | (02)325-5191   팩   스 | (02)325-5008
홈페이지 | http://smbooks.com

ISBN 978-89-960092-3-8   03980

값 12,000원

※이 책은 지역신문발전기금을 지원받아 출판되었습니다.

스무 색깔 스무 느낌

| 박운석 지음

상상나무

경상도의 참 멋을 찾아서

내 맘에 쏙 드는 여행책을 하나 만들고 싶었다. 몇 년간 여행전문기자로 전국을 다니면서 아쉬워해오던 부분이었다. 하지만 고민이었다.

어떤 여행책을 만들 것인가?

전국을 다니며 일주일 단위로 여행 기사를 써내는 중에 다시 경상도로 눈을 돌리게 됐다. 계기는 한국관광공사 '내 나라 먼저보기' 캠페인이었다. 그랬다. 경상도에서 태어나고, 경상도에서 자랐으며, 아직도 경상도 속 대구에서 생활하면서 '경상도의 참 멋'에는 무관심했었구나 하는 반성이기도 했다. 이때부터 경상도의 자연, 경상도의 문화, 경상도 사람들의 삶에 관심이 집중됐다.

2006년 9월, 안동시 북후면 신전리 메밀꽃밭 취재에 나섰다. 이곳은 2005년 농림부로부터 '경관보전직접지불제 시범사업' 마을로 지정되면서 메밀을 가꾸기 시작했

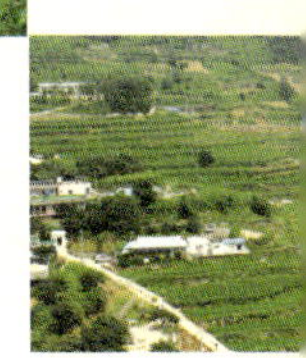

다. 2006년엔 6만평에 메밀을 심었다. 이때까지는 메밀이라고 하면 이효석의 〈메밀 꽃 필 무렵〉 때문인지, 당연히 강원도 평창이 떠올랐다.

그만큼 신전리의 메밀꽃밭은, 메밀을 가꾼 역사가 짧은 탓인가, 아직 알려지지 않은 상태였다. 하지만 이곳의 메밀꽃밭도 왕소금을 뿌려놓은 듯 황홀했다. 하얀 가을을 느끼는 순간이었다.

차량통행이 거의 없는 9.5㎞ 지방도로 주변도 메밀꽃밭 풍경에 못지않았다. 빨간 사과와 파란 하늘, 황금 들판이 어우러진 장관! 이때부터 경상도의 색깔에 관심을 가졌다. 평소에는 무심히 지나쳤던 많은 색깔들이 눈에 들어오기 시작했다.

이 책은 경상도를 찾는 다른 지역 사람들을 위한 안내서다. 이들에게 가족들과 여행가기 좋은 이 지역 명소들을 집중적으로 소개한다. 하지만 단순한 여행안내보다는 여행·답사지에서 느끼는 감정에 중점을 뒀다. 한번이라도 더 생각하고 느끼는 여행이 되길 기대해서다.

여행도 이제는 '느낌'이다.

서원과 고가옥 등을 돌아보며 선비정신을 되새기고 옛길을 걸으며 조상들의 흔적

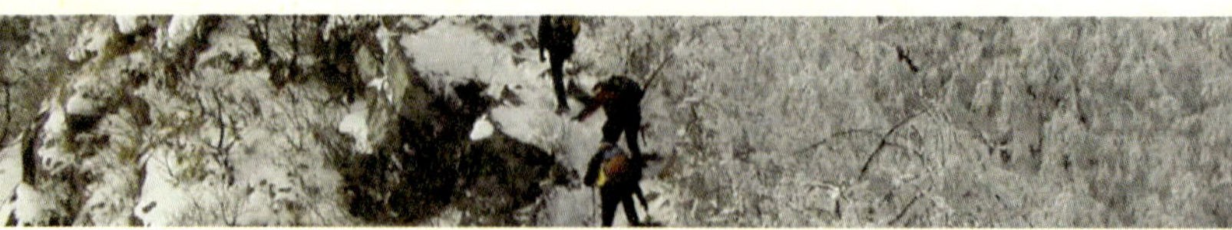

을 조금이라도 더듬고……, 그렇게 경상도의 다양한 색깔을 보고 경상도의 참 멋을 느낀다면 더할 나위 없이 좋겠다. 이 지역 사람들도 무심코 보아왔던 고향의 아름다움을 직접 느낄 수 있었으면 한다.

먼저 경상남북도 대표 여행·답사지 20곳을 가려 뽑은 다음 '답사여행, 생태여행, 황홀경, 트레킹, 삶을 따라' 라는 5가지 주제에 나눠담았다. 그리고 스무가지 색깔별로 특별한 느낌을 표현했다. 바로 경상도의 '스무색깔 스무느낌' 이다. 20곳의 여행 답사지마다 인근의 꼭 가봐야 할 곳 하나씩은 따로 추가했다. 결과적으로 40곳 이상의 여행·답사지를 다룬 셈이다.

답사와 여행에 도움이 되는 이야기나 정보도 소홀히 하지 않았다. 느낌만으론 내용이 가벼워질 우려가 있어서다. 잘 알려진 여행·답사지만 알려지지 않은 이야기들을 많이 다루려고 한 것도 이 같은 이유 때문이다.

꼭 알고 가야 할 것과 가장 궁금하게 생각할 만한 내용도 덧붙였다. 각 여행지 소개 끝에 있는 '+Plus' 에는 가는 길과 맛집 등의 최신정보도 실었다. 책만 들고 가면 어디든 쉽게 찾아갈 수 있도록 약도까지 곁들였다. 직접 가서 맛보지 않은 맛집은 아에 싣지 않았다. 꼼꼼하게 선정한 40곳을 중심으로 인근지역까지 아우르는 추천 여행코스까지……, 경상도를 진국으로 맛볼 수 있기를 바라는 마음으로 작업했다.

부록으로 다룬 독도의 서도와 문경 봉암사는 특별한 의미를 가진다. 일반인들의 출입이 철저하게 통제되는 곳이기 때문이다. 국내 취재진들을 포함, 특별한 목적을 가지고 독도를 방문하는 사람들은 경비대가 있는 동도에만 올라갈 수 있다. 봉암사도 사월초파일 외에는 어느 누구에게도 산문을 열지 않는다. 이 책에선 독도의 서도에서 보낸 24시간을 사진과 함께 실었다. 문경 봉암사의 모습도 두번에 걸친 답사 끝에 실을 수 있었다.

이 책 한권으로 경상도를 다 이야기할 수는 없다. 가려 뽑았지만 이 40곳이 경상남북도의 여행지를 대표하는 것은 아님을 감안해주기 바란다. 이곳에 다 담지 못한 경상도의 멋이 아직도 무궁무진하게 남아 있다.

날마다 새로운 경상도의 색깔과 느낌을 맛보는

박운석

하 나 ~ 넷

답사여행

다섯 ~ 여덟

생태여행

아홉 ~ 열 둘

황홀경

열 셋 ~ 열 여 섯

트 레 킹

열일곱 ~ 스물

삶을 따라

부_록_

꼭꼭 숨은 경상도　　272

국토의 막내, 독도 서도에서의 하룻밤 | 산문 걸어 잠근 지 25년, 문경 봉암사

답사란 '밟을 답[踏]' 자와 '조사할 사[査]'로 이루어진다. 즉, 답사란 직접 자신의 발을 통한 배움을 강조하고 경험과 지식을 스스로 접한다는 의미이다. 과거를 과거의 혼이 숨 쉬는 문화재로 투영해보는 작업은, 이해도 중요하지만 실제로 보고 느낄 때 비로소 그 역사가 우리의 마음속에서 살아난다.

답사여행

눈으로 먼저 느끼는 극락, 영주 부석사

석간주색(石間硃色)은?

석간주(石間硃)는 원래 산화철이 섞여 빛깔이 붉은 흙이다. 그래서 석간주색은 적색 계통이면서도 흙빛이 비친다. 단청에 가장 많이 사용되는 사찰의 색이다. 기둥과 벽 부분에 주로 칠하는 게 석간주색이다. 부석사의 단청은 색이 많이 바래 옛 석간주색깔은 잃었다. 그래도 나름대로 멋이 있다. 은은한 느낌이 부석사의 이미지를 더 높여주기 때문이다.

어떻게 여기까지 오는 동안 저 풍경들을 전혀 눈치조차 채지 못했을까.
하긴 뒤돌아 볼 틈도 없이 내달려 올라왔다.
우리네 인생도 그러하지 않을까.
한번씩 되돌아보는 여유,
부석사 무량수전 앞에서 던져보는 화두다.

▲ 부석사 입구 은행나무 길.
▲▲ 무량수전.

부석사, 특이한 경험이었다.

첫번째, 두번째 찾을 때까지만 해도 부석사의 멋을 몰랐다. 하지만 네번째 찾아간 어느 초여름 날, 느낌이 다가오기 시작했다. "아하!" 하면서 무릎을 친 건 이때까지는 주변풍경에 도취되어 부석사의 진정한 멋을 놓쳤다는 사실 때문이었다.

부석사의 감동은 이미 몇년 전 가을에 경험한 터다. 풍기에서 부석사까지의 931번 도로 20km는 환상적인 은행나무 가로수길. 차가 지날 때마다 은행잎 소나기가 쏟아졌다. 일주문에서 천왕문까지 200여m 은행나무 길은 아예 노란 터널을 만들었다.

터널 뒤로는 산비탈 과수원에 주렁주렁 매달린 붉은 사과가 유혹했다.

부석사의 가을은 산사에 들기 전부터 이렇게 가슴을 뛰게 만들었다. 이번 부석
사 답사시기를 초여름으로 잡은 것은 이런 풍경의 유혹을 떨쳐버리기 위함이다.
자칫 풍경에 도취되어 부석사 본디의 멋을 놓칠 우려가 있어서다.

부석사로 오르는 초여름 길도 가을 못지않게 아름답다. 그래선지 일주문과 천왕
문을 지날 때까지는 느긋하다. 하지만 안양루 뒤로 무량수전의 지붕만 겨우 보이
는데도 범종각 앞에서부터는 마음이 바빠진다.

안양루 아래 돌계단을 한달음에 오르자 무량수전 앞뜰. 땀도 식힐 겸 고개를 돌
리자 시야가 확 트인다. 저 멀리 아련하게 산봉우리와 산줄기가 꿈틀꿈틀 남으로,
남으로 치달린다. 산 뒤에 또 산……. 겹쳐진 능선들의 풍경 모두를 앞마당인양 무

무량수전이 내려다보고 있는 태백산맥의 연봉들. 구름과 어울린 풍경이 아름답다.

량수전이 끌어안는다.

어떻게 여기까지 오는 동안 저 풍경들을 전혀 눈치조차 채지 못했을까. 하긴 뒤돌아 볼 틈도 없이 내달려 올라왔다. 우리네 인생도 그러하지 않을까. 한번씩 되돌아보는 여유, 부석사 무량수전 앞에서 던져보는 화두다.

안양문은 극락으로 오르는 계단

부석사를 찾는 답사객들의 대부분은 무량수전까지 한걸음에 오른다. 모두가 '부석사=무량수전' 이라는 등식을 갖고 부석사를 찾는 탓이다. 하긴 이곳에서 내려다보는 것이 부석사 제1의 풍경이다. 무량수전은 이 장쾌한 경관을 품고 있다는 것만으로도 이름값을 한다.

무심코 무량수전까지 올랐다면 다시 범종각 아래로 내려갔다가 차근차근 느끼면서 올라와보기를 권한다. 범종각 아래에서 안양루와 무량수전을 올려다보는 풍

 무량수전

끝없는 지혜와 무량수(無量壽, 헤아릴 수 없이 오랜 수명)를 지녀 무량수불로도 불리는 아미타여래불을 주불전으로 모신 전각이다. 반면 대웅전은 석가모니불을 주불전으로 모신 전각. 우리나라에서 아미타불은 석가모니불 다음으로 많이 모셔져 있다.

아미타불은 건물 내 서쪽에 불상을 봉안한다. 아미타불이 서쪽에 거처하고 있기 때문이다. 부석사 무량수전에도 국보 제45호인 소조아미타여래좌상을 서쪽 벽면에 모셨다.

무량수전은 전남 구례 천은사와 전남 강진 무위사처럼 극락보전 혹은 극락전이라고도 하고 사찰의 주불전이 아닐 경우에는 미타전 혹은 아미타전이라 한다. 경기 양평 사나사의 경우 비로자나불을 모신 대적광전이 주불전이고 그 오른쪽에 미타전이 있다.

▲부석사 범종각.
◀이승만 전 대통령이 쓴 부석사 현판.

경, 부석사 제2의 풍경을 발견할 수 있을 것이다.

범종각 앞에서 마침 허태자(영주시 문화관광해설사) 씨가 한 무리의 답사객들을 대상으로 해설을 하고 있었다. 눈치를 봐가며 일행인양 슬며시 끼어들었다.

부석사는 국보와 보물을 아홉개나 가지고 있는 문화 보고다. 무량수전(국보 제18호)을 비롯해 석등(국보 제17호), 조사당(국보 제19호), 조사당 벽에서 떼어낸 벽화(국보 제46호), 소조여래좌상(국보 제45호) 등이 국보급 문화재. 해설 없이 이 많은 유산들을 돌아보는 것만 해도 버거울 게다.

안양루의 처마 끝에 있는 '浮石寺(부석사)' 라는 한문 현판도 눈여겨볼 만하다. 1956년 이승만 전 대통령이 부석사를 방문했을 때 범종각에서 썼다는 친필 글씨

범종각에서 올려다 본 안양루.

다. 그러나 이 전 대통령은 현장에서 쓴 글자가 오른쪽으로 처졌다며 서울로 돌아
간 뒤 경무대를 통해 다시 현판을 내려 보냈고 이것이 현재의 현판이다. 이 현판을
두고도 말이 많다. 개신교를 믿었던 이 전 대통령이 쓴 글씨 가운데 '浮(부)'자의
삼수변이 부처님의 모습과 똑같기 때문이다.

특이한 게 또 있다. 무량수전 앞뜰에서 보면 분명 '안양루'라는 편액이 걸려있
다. 하지만 아래 범종각 쪽 '부석사'라는 편액 아래에는 '안양문'이라 씌어 있다.
한 건물을 두고 위에서 보면 누각이고 아래서 보면 문이다.

'안양(安養)'은 불교에서 극락을 이르는 말. 그렇다면 안양문이란 극락세계로
들어서는 입구를 지칭함이 아닌가? 사실 부석사는 안양문의 계단을 오르면 바로

극락인 무량수전이 드러나는 구조임을 감안하면 고개가 끄덕여진다.

다시 한번 안양문을 통과하고 나서야 한국 최고의 아름다운 건축물도 눈에 들어온다. 중간 부분이 불룩한 '배흘림기둥'으로 알려진 목조건물. 날아갈 듯이 사뿐히 고개를 치켜든 추녀의 곡선미와 어울려 '가장 아름다운 목조건물'이란 수식어도 낯설지 않다.

하지만 이것 뿐일까. 허태자씨는 지붕 기와의 곡선도 무량수전이 우리나라 목조건축 중에서 가장 아름답다는 명성에 한몫을 한다고 했다. 이는 두 사람이 새끼줄을 들었을 때 자연적으로 처지는 곡선과 똑같아서다.

부석사는 신라 문무왕의 왕명으로 의상대사가 창건했지만 무량수전은 고려시대인 1043년 부석사를 중창할 때 지었다. 그래서 무량수전 현판은 고려 공민왕의 글씨라고 전해지고 있다.

무량수전 배흘림기둥에 기대섰다. 범종각과 선묘각 등 건물의 지붕이 납작하게 엎드려있고 그 위로 소백의 장관이 탁 펼쳐진다. 이곳에서 석양을 보는 것은 또 다른 행운이다. 희미한 구름에 휘감긴 연봉들을 붉게 물들이는 낙조는 고요한 산사의 분위기와 어울려 경건하다.

금성단.

금성단과 제월교

부석사 가는 길에 박석홍(54) 소수서원학예연구원을 만난 것은 행운이었다. 단종복위에 얽힌 사연을 고스란히 간직한 금성단과 제월교, 압각수 등에 관한 박씨의 설명은 이때까지 이 지역을 오가면서도 몰랐던 역사를 일깨워주었다.

소수서원에서 부석사 방향으로 200m를 가면 왼쪽에 금성단이라는 유적지가 있다. 이곳은 단종의 복위를 도모하다가 화를 입은 금성대군과 순흥부사 이보흠을 비롯한 순절의사들을 위해 제사를 드리는 곳이다. 대부분의 사람들은 뭔지 몰라 그냥 지나친다.

금성대군은 세종대왕의 여섯째 아들이자 단종의 숙부다. 단종의 왕위를 빼앗은 수양대군에 의해 누명을 쓰고 유배에 오르고 순흥부사 이보흠을 만나 단종복위를 도모하게 된다. 그러나 관노의 밀고로 탄로나 안동에서 최후를 마쳤다. 이 일로 순흥은 역모지라 해서 순흥부는 풍기군에 병합되고 수많은 사람들이 처형됐다. 바로 정축지변이다.

금성단 왼쪽에는 압각수(鴨脚樹)로 불리는 수령 1천100년의 은행나무가 있다.

서원과 사찰에는 왜 은행나무가 있을까?

경북 영주 소수서원 은행나무(수령 500년), 경기 양평 용문사 은행나무(천연기념물 제30호, 수령 1,100년), 충북 영동 영국사 은행나무(천연기념물 제223호, 수령 1,000년), 경북 청도 적천사 은행나무(천연기념물 제402호, 수령 800년)……

서원과 사찰에는 어김없이 오래된 은행나무가 있다. 왜 그럴까? 은행나무는 소나무와 마찬가지로 충절을 상징한다. 유실수로는 가장 오래 살고 천년이 지나 죽을 때까지 열매를 생산하는 특징이 있어서다. 향교, 서원 앞에 은행나무를 심는 것은 천년이 지나도 변치 않는 충신들을 많이 배출하라는 의미다.

토종 은행나무로 잎이 오리발가락처럼 생겼다고 해서 붙은 이름이다. 영주향토지 '우리의 전통문화' 등에 따르면 이 압각수는 정축지변 당시(세조 3년, 1457년)에 말라죽고 1629년에는 불에 타 일부분만 겨우 남아있었다. 그러다 1643년 가지와 잎이 돋아나기 시작해 순흥도호부가 다시 설치된 1682년에는 무성하게 되살아났다고 전한다.

그야말로 금성대군의 단종복위운동 등 역사적 사실을 간직하며 순흥의 흥망성쇠를 같이 해온 충신수다. 마을 주민들은 동신목(단종의 몸)으로 부르며 매년 정월 대보름 제사를 올린다.

금성단에서 50여m를 더 올라가면 청다리라고 부르는 제월교(霽月橋)가 있다. 훗날 선비들에 의해 '개성 송도는 선죽교, 영주 순흥은 제월교'라 불렸을 만큼 충절이 배어있는 다리다.

박석홍 소수서원학예연구원은 "단종 복위 실패로 수백의 선비들과 그 가족들이 희생된 정축지변 당시 어렵게 살아남은 아이들을 군인들이 데려다 키우며 생부모를 몰라 청(菁:무우청, 이름모를 여성의 다리를 무우에 비유)다리 밑에서 주워왔다는 은유법을 사용했다."며 이때부터 누구나 어릴 때 한번씩은 놀림을 받던 '청다리 밑에서 주워왔다'는 이야기가 전해오고 있다고 설명했다.

토종 은행나무인 압각수.

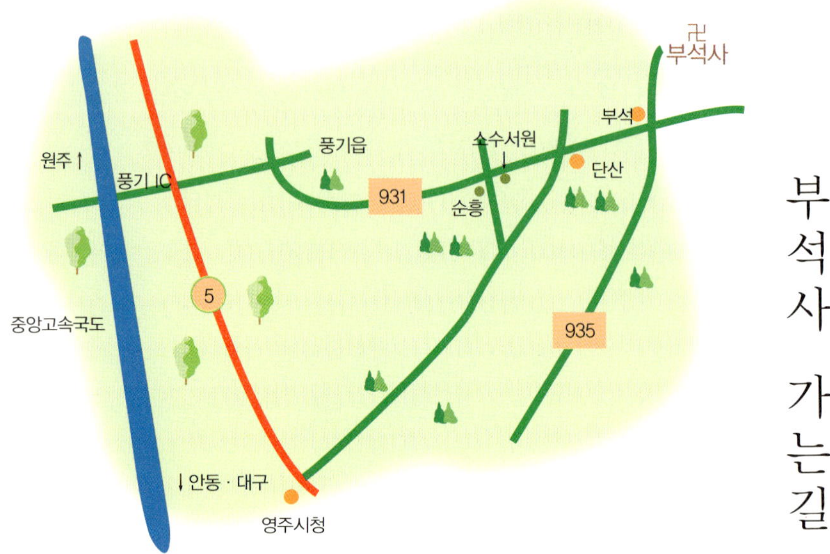

부 석 사 가 는 길

기차_ 부석사 여행의 편리한 점 중의 하나가 서울에서 당일 기차 여행이 가능하다는 것이다. 청량리역에서 중앙선 하행 풍기까지는 아침 7시부터 밤 9시까지 1일 8회 무궁화호가 운행한다. 3시간 30분~4시간 소요. 풍기 발 청량리행(상행) 무궁화호는 새벽 2시 48분부터 오후 20시 22분까지 하루 8회 있다. 부산~영주는 1일 3회, 대구~영주는 1일 4회 운행한다.

풍기, 영주에서 시내버스 갈아타기_ 서울에서 기차를 이용할 경우 풍기역에서 내리면 쉽다. 풍기역 앞 버스정류장에서 부석사행 시내버스가 하루 13회 운행한다. 영주역에서 내리면 택시(기본요금)를 타고 영주여객으로 이동한다.

승용차_ 서울방향에선 경부(중부)고속국도~신갈(호법)IC~영동고속국도~남원주IC~중앙고속국도~풍기IC. 이곳부터는 '부석사' 도로안내판이 잘 되어있다. 부산 · 마산 방향에선 경부(구마)고속국도~대구~중앙고속국도~풍기IC~부석사 코스다. 대구에서 부석사까지 2시간.

안내전화

동서울종합터미널=02)446-8000.

영주 시외버스=054)631-5844.

영주 시내버스=054)633-0011～3.

추천코스

부석사가 목적이라면 먼저 들르는 게 낫다. 돌아오는 길에 선비
촌-제월교-금성단-압각수-소수서원을 차례로 찾으면 된다. 이 다
섯 곳은 모두 반경 200m 안에 있다.

원주방향으로 되돌아가는 길이라면 단양에 들를 만하다. 충주호를
끼고 가는 드라이브 길이 좋다. 특히 승용차는 운전자 한 사람에게
맡기고 다른 일행은 단양 장회나루에서 청풍문화재단지가 있는 청
풍나루까지 유람선여행을 하는 것도 한 방법. 남제천IC에서 다시
중앙고속국도로 올라가면 된다. 043)422-1188(충주호유람선).

맛

중앙고속국도 풍기IC에서 나와 풍기 쪽으로 우회전한다. 500m쯤
가면 첫 네거리. 부석사방향 표지판을 따라 우회전해서 1.7㎞를 가
면 도로 왼쪽에 풍기인삼갈비 식당이 있다. 인삼향이 갈비탕에 스
며들어 독특한 맛을 낸다. 인삼갈비탕 7천원, 육회비빔밥 7천원,
인삼돼지갈비 1인분(200g) 6천원. 054)635-2382.

부석사 가기 전 순흥에는 40년을 메밀묵밥만 해온 순흥전통묵집이
있다. 소수서원 가기 1㎞전이다. 40년을 한결같이 메밀묵만 끓여
왔다. 메뉴는 묵 한 사발과 조밥이 나오는 전통묵밥(4천원) 하나
뿐. 054)634-4614.

풍기인삼갈비탕.

순흥전통묵집의 묵밥.

자연을 끌어안은 넉넉함, 안동 병산서원

병산서원 만대루의 보와 서까래.

갈색은?　갈색은 풍성한 느낌의 가을 색이다. 특히 통나무 색인 밝은 갈색은 자연을 그대로 드러낸다. 병산서원 만대루 천장이 그렇다. 아무 장식 없이 자연스럽게 휜 보들의 색이 갈색이다. 색도 자연 그대로이고 여기다 뒤틀어진 보가 오히려 자연스러움을 더해준다. 다른 색이 덧칠해졌다면 어땠을까? 병산서원의 명성이 많이 퇴색됐으리라.

병산서원을 찾으면 마음이 깨끗해진다.
우선 깔끔하다. 산뜻하다.
병산서원을 처음 찾았을 때의 이 느낌은
계절이 달라도, 시간이 지나 다시 찾아도 변함이 없다.

▲병산서원 가는 비포장 옛길.
▲▲존덕사 앞의 배롱나무.

병산서원을 찾으면 마음이 깨끗해진다. 우선 깔끔하다. 산뜻하다. 병산서원을 처음 찾았을 때의 이 느낌은 계절이 달라도, 시간이 지나 다시 찾아도 변함이 없다. 서원관리에, 문화유산 해설까지 친절하게 곁들이는 병산서원 지킴이 류시석(하회마을 관리사무소 병산서원 관리담당)씨 덕이다.

찾아가는 길도 깔끔한 서원을 닮았다. 신작로를 연상케 하는 넉넉한 비포장 옛길이다. 하회마을 입구에서 낙동강을 왼쪽에 끼고 산허리를 휘돌아가는 2.8km의 이 길은 참 정겹다. 승용차로도 갈 수 있고 버스도 다니지만 이 흙길은 꼭 걸어서 가보길 권한다.

불편함은 이내 사라진다. 승용차를 타고 휑하니 지나가서는 시원한 낙동강 물줄기가 동행하는 멋도 모를 일이다. 그래선지 아직 안동시에서도 이 도로를 확장하거나 포장할 계획은 없다. 대신 하회마을 입구 쪽에 주차장을 만들었다. 이곳에서 걸어 들어가 보라는 뜻이다. 다행이다. 이 길을 포장했더라면 병산서원의 멋도 많이 훼손됐으리라.

가는 길은 구비 돌아도 선비정신 만은 대쪽같이 올곧을 터. 서원에 들어서면 빛바랜 기둥과 마루, 나무로 만든 계단에서도 유생들의 향기가 그대로 묻어난다. 입교당 앞의 옥매화나 존덕사 앞의 350년 된 배롱나무조차 선비를 닮았다.

오래된 옥매화 나무는 다른 지역보다 조금 늦게 꽃망울을 내민다. 하지만 늦게 핀다고 탓할 수도 없는 노릇. 기다릴 수밖에 없다. 기대가 있고 설렘이 있어서다. 배롱나무는 기대가 더 크다. 그 배롱나무는 묵묵하게 봄부터 여름까지 내공을 쌓다가 9월이면 100일 동안 꽃을 피운다. 말없는 옥매화와 배롱나무는 말만 앞서는 우리들에게 여유와 기다림을 배우라고 가르친다.

 서원 출입문 복례문 —————————————————————————————

병산서원 제대로 보기

병산서원은 퇴계의 제자인 서애 류성룡이 1572년 풍산읍에 있던 풍산 류씨 문중의 교육기관 풍악서당을 옮겨지은 것이다. 1613년 서애를 모신 사당인 존덕사(尊德祠)를 짓고 서원이 되었으며, 1863년 사액서원이 됐다. 우리나라 서원건축의 백미라고 할 정도로 풍경이 아름답다. 1868년 대원군의 서원 철폐령이 내려졌을 때 그 대상에서 제외된 전국 47개, 안동 2개소 중 한곳이다. 류성룡과 그의 셋째 아들 류진을 이곳에서 배향하고 있다.

정문인 복례문을 지나면 만대루다. 만대루 밑을 통과해 마당으로 들어서면 좌우에 서재와 동재가 있고 정면에는 입교당이 버티고 있다. 다시 계단을 오르면 뒤편

입교당에서 바라본 만대루와 병산.

만대루에 앉아 기둥액자를 통해 보는 풍경.

에 사당 존덕사가 있는 전형적인 전학후묘(前學後廟, 앞은 교육공간이며 뒤에 사당을 모신 방식)형 서원 양식이다.

계단을 올라 입교당 앞에 섰다. '가르침을 바로 세운다' 는 뜻의 입교당은 스승의 가르침을 받는 곳이다. 병산서원의 중심역할을 하는 곳인 셈이다. 좌우 동재와 서재는 유생들의 기숙사였다. 조촐하면서도 단정하다. 입교당 마루에 올라앉아 만대루를 내려다본다. 과연 우리나라 서원건축의 백미라고 할 정도로 풍경이 아름답다.

이 풍경 때문에 병산서원은 복례문을 지나 계단을 올라서며 보는 것보다는 샛문으로 들어가 위쪽에서부터 아래로 내려오며 보는 것이 좋다. 입교당에서 보는 풍경은 탄성이 절로 날만하다. 샛문은 서원 옆 건물인 주사 뒤쪽 전사청에서 입교당 쪽으로 나있다.

　이곳에서 보는 병산서원의 멋은 자연스러움에 있다. 인공적인 건물과 자연이 함께 만들어낸 조화가 예사롭지 않다. 앞쪽으로 일곱 칸의 큰 누각인 만대루가 건너편 경치를 고스란히 끌어안고 서 있다. 아무런 치장을 않고 기둥 사이도 막힘없이 탁 트여있다. 기둥으로 구분된 한칸 한

휜 나무를 그대로 사용한 만대루 받침기둥.

칸은 그대로 병풍이 되어 푸른 낙동강의 풍경을 담고 있다. 그 병풍 위로는 높아 보이지 않은 병산이 자연스럽게 드러누워 있다.

　서원 지킴이 류씨는 입교당에서 보는 병산은 오후 늦은 때가

달팽이 모양의 화장실 통시

병산서원의 화장실을 눈여겨봐야 한다. 화장실은 두개. 서원의 안쪽에 있는 화장실은 유사나 유생이 쓰는 양반 화장실이고, 주사(廚舍) 앞마당 한쪽에 있는 달팽이 모양의 화장실은 하인들이 사용하는 '통시'다.
유생들의 화장실은 두 칸인데 앉으면 옆 사람 얼굴이 보이도록 되어 있다. 류시석씨는 "이는 뒷간에서도 학문에 대한 토론을 멈추지 말라는 뜻"이라고 말했다.
달팽이 모양으로 벽이 감아도는 '통시'는 토담위에 짚을 얹었다. 지붕도 문도 없으며 냄새도 없는 자연과 어우러진 절묘한 모양이다. 약 4m 되는 진흙 돌담을 시작 부분이 끝 부분에 가리도록 둥글게 감아놓아 내부의 모습을 가렸다. 이 뒷간은 1977년 사적 제260호로 지정되기도 했다.

제일이라고 했다. 해가 지면서 햇살이 병산을 비춰야 비로소 기막힌 풍경을 드러내기 때문이란다. 주변조경 없이 자연을 그대로 끌어들인 조상들의 지혜가 놀랍다.

만대루 천장의 휜 보들도, 구불구불한 기둥들도 생긴 그대로다. 하긴 직선으로 짜 맞춘 마루를 보고 있으면 왠지 답답한 마음도 천장을 보고 있으면 편안해진다. 인공적인 조경이 적을수록 마음도 느긋해짐을 느낄 수 있다.

입교당 뒤쪽에 있는 건물은 책을 찍는 목판을 보관하는 장판각(藏板閣)과 사당이다. 샛문을 통해 담 밖으로 나서면 제사 음식을 준비하는 전사청(典祀廳)이 있고 다시 그 앞쪽에 하인들이 살던 주사(廚舍)가 있다.

안동엔 유교문화만 있는 것은 아니다. 불교문화재도 곳곳에 흩어져있다. 그 중심은 천등산 봉정사(www.bongjeongsa.org).

봉정사는 의상대사가 세운 고찰이다. 국보 제15호로 지정된 극락전은 13세기에 세워져 공민왕 때 중수한 국내에서 가장 오래된 목조건물이다. 영국의 엘리자베스 여왕이 다녀가 더욱 유명해졌지만 그전에도 역사적으로 이미 고려태조와 공민왕이 다녀갈 만큼 아름다운 사찰이다.

영산암으로 올라가는 계단.

봉정사에는 고려시대와 조선시대 건물이 함께 있어 우리나라 고대 건축양식 연구에 귀중한 자료가 되기도 한다.

입구에서 봐도 한눈에 고찰임을 알 수 있다. 극락전 외에 보물 제55호인 대웅전, 보물 제448호인 화엄강당, 보물 제449호인 고금당, 덕휘루, 무량해회, 삼성각 및 삼층석탑과 부속암자인 영산암과 지조암이 있다.

영산암은 봉정사의 숨겨진 보물이다. 〈달마가 동쪽으로 간 까닭은〉이라는 영화로 유명해진 장소. 다른 암자와 달리 아담한 'ㅁ'자 형을 갖췄다. 작은 마당을 여섯 채의 건물이 둘러싸고 있다. 건물끼리 난간으로 이어진 것도 다른 곳에선 보기 힘든 특이한 형태다. 법당에 봉안된 불상은 흙으로 만든 토불이어선지 더 친근하다.

봉정사는 템플스테이로도 알려졌다. 매월 둘째주 토요일에 1박 2일 일정으로 프로그램을 운영한다. 인원이 모이는대로 비정기적으로도 운영한다. 예불, 발우공양, 참선, 다도, 산행, 염주 만들기 등의 프로그램을 갖추고 있다.

　목석원은 하회마을과 병산서원이 갈라지는 곳에서 하회마을 쪽으로 조금만 가면 있다. 온갖 장승들이 서있는 곳이다. 장승조각가 김종흥씨가 운영하는 곳으로 실내외에 김씨가 직접 조각한 온갖 모양의 장승들이 빼곡하다. 그래선지 영국 엘리자베스 여왕 등 국내외 유명 인사들이 빼놓지 않고 방문한다.

　이곳에선 장승조각 등 특별한 문화체험을 할 수 있다. 토요일이면 각종 공연을 여는 등 휴일 가족단위 여행지로도 괜찮다.

　가까운 거리에 하회동탈박물관이 있다. 이곳에서 돌아 나오다 보면 안동 가는 국도에 다다르기 전 한지체험을 할 수 있는 한지공장도 있다.

목석원, 장승을 깎고 있는 장승조각가 김종흥씨.

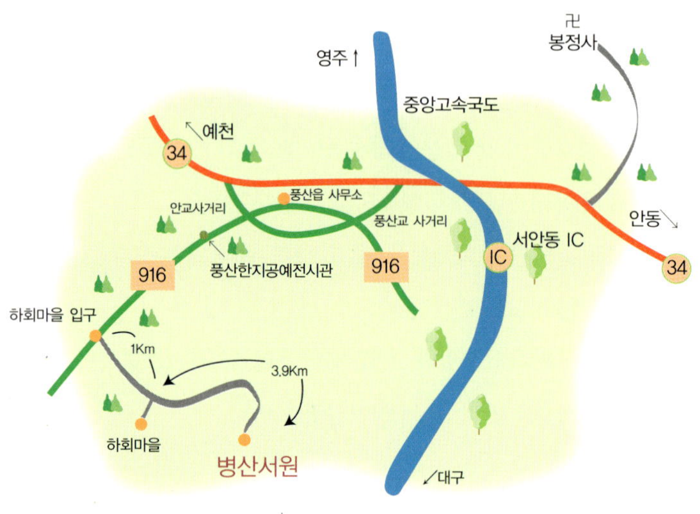

기차_ 청량리→안동(4시간 소요) 06:50부터 21:00까지 하루 8회. 안동→청량리 01:54부터 19:00까지 하루 8회 운행. 동대구에서 안동까지는 06:30(동대구 출발), 19:49(안동 출발) 등 하루 2회 왕복 운행(1시간 50분 소요).

시내버스_ 병산서원행은 안동시외버스터미널 건너편(안동역에서 도보 5분)에서 46번 시내버스가 1일 2회(10:30, 14:50) 운행(40분 소요). 봉정사행 시내버스는 안동초등학교 앞에서 51번을 타면 된다. 하루 7회 왕복.

승용차_ 서울에선 중부고속국도~호법분기점~영동고속국도~만종 분기점~중앙고속국도~서안동IC 빠져 나온 후 좌회전~34번 국도 (풍산·예천 방면)~풍산 삼거리 좌회전~916번 지방도를 타고 4.9km~하회마을 입구에서 좌회전 후 1km 가서 좌회전~비포장 3.9km를 가면 병산서원. 부산과 대구방면에서는 중앙고속국도를 통해 서안동IC에서 내리면 된다.

안내전화

병산서원=054)853-2172.

병산서원 지킴이 류시석씨=011-540-2172. 봉정사=054)853-4181.

추천코스

서안동IC에서 내려 병산서원-목석원-하회마을-한지체험-봉정사-
안동-고가옥체험(1박). 이 모든 것은 하나의 동선 안에 있다.

이튿날은 퇴계의 흔적을 찾는 여행도 좋다. 안동에서 '도산서원' 이
정표를 따라 간다. 봉화 청량산으로 가는 35번 국도다. 와룡면을 지
나면 도산서원-경북도산림과학박물관-도산면-도산면사무소 앞 삼
거리에서 우회전-퇴계종택-이육사문학관이 하나의 코스다.

영주의 소수서원-선비촌-부석사를 돌아보는 것도 추천.

맛

안동댐 아래쪽 월영교 맞은편의 헛제사밥 까치구멍집(054-821-
1056)은 헛제사밥을 주메뉴로 20년째 영업을 하고 있다. 가격은 헛
제사밥 1인분 6천원. 양반상 1인분 1만원.

옆집의 안동간고등어 양반밥상(054-855-9900)에선 안동지방 특유
의 염장비법으로 간을 맞춘 안동간고등어를 숯불에 구워 낸다. 조림
과 양념구이도 있다. 구이정식 6천원.

조금 싸면서도 맛있는 집도 많다. 안동세무서 앞의 고향묵집(054-
859-6323)은 식도락가들이 많이 찾는다. 묵채에다 묵은 김치, 각종
야채를 넣고 얼큰하게 찌개처럼 끓여낸 태평초가 주메뉴. 독특한 맛
과 시원한 국물로 주당들에게 인기다. 1인분 5천원.

잠

안동시내에서 민박을 하며 전통문화를 체험할 수 있는 곳은 농암종택
(054-843-1202)과 수애당(054-822-6661), 지례예술촌(054-822-
2590) 등 세군데다.

003

신라인들의 불국토, 경주 남산

상선암 뒤 마애석가여래좌상.

회색은?

단순하고 모호하면서 특성 없는 색이다? 회색의 부정적인 면만 봐서 그렇다. 회색은 무한함과 영속성의 이미지를 가지고 있어 편안함을 느끼게 하는 색이다. 잿빛만이 가지는 질감은 고풍스러운 맛이다. 수천년의 세월동안 비바람을 견뎌온 경주 남산의 석탑과 불상의 은은한 회색빛은 시간과 공간마저 뛰어넘는 심오한 기운을 품고 있다.

골짜기 구석구석 미소를 머금고 앉아있는 불상들이 곧 법당이다.
불상을 새기고 탑을 쌓듯 신라인들은 그렇게 공덕을 쌓아왔다.
그래서 남산은 산이 아니다. 산의 높이는 신라인들의 공덕의 높이다.
등산이 아니라 답사하듯 남산을 올라야하는 까닭이다.

칠불암 뒤쪽 바위에 새겨진
신선암 마애보살상.

경주 남산을 오른다. 해발 500m가 채 되지 않는 만만한 높이. 하지만 첫걸음부
터 심상찮다. 산은 높지 않지만 품고 있는 신라인들의 숨결이 녹록치 않기 때문이
다. 남산을 오른다는 것은 신라 천년을 거스르며 오르는 과거로의 시간여행이다.

"신라 땅에서는 돌 하나 풀 한 포기조차도 가볍게 보지 마라."

경주 시내 어디를 가든 유적이 널려있다는 뜻일 게다. 하지만 경주 남산만큼 이 말이 딱 들어맞는 지역도 없다. 노천박물관이기 때문이다.

남산은 신라인들이 꿈꾸던 불국토였다. 13기의 왕릉과 22개의 석등, 96개의 석탑, 118개의 불상, 147곳의 절터(寺址). 산허리를 돌면 불상이고 산봉우리마다 석탑이며 골짜기마다 절터다. 이 불상과 석탑, 절터는 천년의 세월동안 저마다 한두 가지 사연들을 만들어냈다. 골짜기마다 전설이 넘쳐나는 이유다.

남산에 있는 불상과 석탑은 주변 환경과 묘한 어울림을 만들어낸다. 곳곳의 마애불은 바위의 선을 최대한 살려 새겼다. 전혀 다듬지 않은 자연 그대로의 바위에 그림을 그리듯 하다가 갑자기 돌을새김으로 바뀐다. 이렇게 남산의 부처는 바위에 숨기도 하고 바위 속에서 모습을 드러내기도 한다.

석축만이 남아 흔적뿐인 절터엔 법당도 없다. 하긴 마애불이 새겨진 바위 하나 하나가 법당 아닌가. 골짜기 구석구석 미소를 머금고 앉아있는 불상들이 곧 법당이다. 불상을 새기고 탑을 쌓듯 신라인들은 그렇게 공덕을 쌓아왔다. 그래서 남산

 삼도, 광배, 협시보살 ____

경주 남산을 답사하기 전에 기본이 되는 불교용어는 미리 알고가야 이해가 쉽다.

삼도는 불상의 목 주위에 있는 세개의 주름이다. 혹(惑)과 업(業)과 고(苦)를 의미한다. 번뇌가 업을 낳고 그 업은 다시 고통을 낳는다는 뜻. 중생들이 윤회에서 벗어나지 못하고 살아가는 것을 본 부처님의 안타까움을 상징적으로 표시한 것이다.

광배는 부처님의 머리나 몸체에서 나오는 빛이다. 이중에서 두광은 부처의 머리에서 나오는 빛이고 신광은 부처의 몸에서 발하는 빛이다.

협시보살은 부처님의 옆에서 보좌하는 보살을 말한다. 석가모니불은 문수보살과 보현보살을, 아미타불은 관세음보살과 대세지보살을 협시로 거느린다.

경 주 남 산 의 노 천 박 물 관

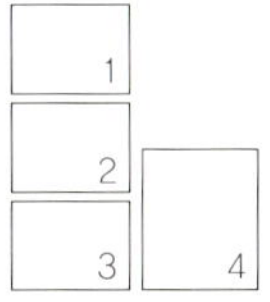

1. 석조여래좌상(목 없는 석불좌상).
2. 마애선각육존불.
3. 칠불암 마애삼존불상.
4. 보물인 석불좌상.

은 산이 아니다. 산의 높이는 신라인들의 공덕의 높이다. 등산이 아니라 답사하듯 남산을 올라야하는 까닭이다.

남산의 답사코스, 서남산 삼릉~용장사지

남산은 답사코스가 많다. 지도를 펼쳐도 어느 쪽을 기점으로 잡을지 고민이다. 신라문화유산해설사인 이성훈(64)씨가 이 문제를 단번에 해결해줬다. "남산이 처음이라면 서남산 삼릉에서 오르는 게 좋다."는 그는 그 이유로 이쪽이 불교유물,

삼릉계곡의 마애관음보살상.

선각여래좌상.

마애석가여래좌상.

특히 불상이 가장 많아 노천박물관의 진수를 맛볼 수 있기 때문이라고 했다.

출발지인 삼릉에서 상선암 표지를 따라 오르다보면 이내 석조여래좌상(목 없는 석불좌상)을 만난다. 머리가 없이 몸통뿐이다. 이 불상은 옷자락의 선이 뚜렷해 우리나라 복식연구에 귀중한 자료가 됐다. 머리는 없지만 목에는 삼도가 뚜렷하다.

오른쪽 큰 길을 두고 왼쪽 오솔길을 따라 20여m를 오르면 마애관음보살상이고 되돌아 내려오다 왼쪽으로 난 오솔길을 5분여 따라가면 마애선각육존불(선각삼존불입상과 선각삼존불좌상)이 기다리고 있다. 자연그대로인 높이 4m, 가로 7.27m의 암벽을 화폭으로 삼아 단번에 그림을 그리듯 불상을 새겼다. 울퉁불퉁한 바위선과 섞여 마음으로 봐야 선명하다. 한참을 보고 있으면 마치 탱화를 보듯 불상의 형상이 점점 선명해진다.

오른쪽(동쪽 바위면)은 석가삼존불이다. 본존불인 석가여래 왼쪽에 문수보살, 오른쪽에 보현보살을 협시보살로 세웠다. 왼쪽(서쪽 바위면)은 아미타삼존불. 육존불이 새겨진 바위 위에는 홈이 패여 있다. 물기가 육존불로 흘러내리지 못하게 하기 위함이다.

바둑바위, 그 위에서 경주시내를 내려다보는 비구스님들.

10여분 더 오르면 보물로 지정된 석불좌상이 나온다. 손상된 얼굴부분을 시멘트로 복원한 것이 안타깝다. 손수건으로 복원된 부분을 가리자 그제야 부드럽고 자비로운 본래 석불의 이미지가 드러난다. 광배로 쓰였던 바위는 뒤쪽에 아무렇게나 떨어져 부서진 상태로 있다. 얼굴처럼 시멘트로 복원할 바에야 차라리 무너진 상태 그대로 두는 게 훨씬 나을 듯하다.

상선암에 올라 잠시 숨을 돌리고 5분여 산길을 오르면 마애석가여래좌상 앞에 이른다. 역시 얼굴은 바위에서 반쯤 튀어나왔고 밑으로 갈수록 선으로 그려 몸은

 경주 남산 왜 돌로 만든 유물이 많을까? ─────────────

석탑 96개, 불상 118개, 절터(寺址) 147곳. 남산에는 많은 불상과 탑들이 남아 있다. 그 대부분은 석탑과 석불이다. 특히 마애불이 많다. 경주 남산에 왜 이처럼 돌로 만든 유물들이 많을까? 이는 불교가 들어오기 전부터 있었던 바위 신앙과 관련이 깊다.

남산과 남산의 바위들은 아득한 옛날부터 하늘나라의 신들이 머물며 이 땅의 백성들을 지켜준다고 믿어왔던 신앙의 대상이었다. 그러다 불교가 전래된 이후에는 바위 속의 신들이 부처와 보살로 바뀌어 신앙의 대상이 되었다. 이 때문에 골마다 절이 세워지고 바위마다 불상이 조성되며 수많은 탑이 세워져 불국토를 이루게 된 것이다.

용장사지 삼륜대좌석조여래상.

용장사 절터에서 올려다 본 용장사지 삼층석탑.

바위 속에 있다. 막 바위에서 부처가 나오는 모습이다. 신라인들은 바위가 곧 부처임을 믿었으리라.

이곳서 바둑바위를 거쳐 금오봉까지는 25분 걸린다. 금오봉에서 내려와 임도를 따라가면 용장사지 안내판이 나온다. 매월당 김시습이 금오신화를 쓰며 머물던 용장사지를 향해 내려가다 보면 삼층석탑, 마애여래좌상, 석불좌상을 잇따라 만난다.

신라 탑의 형식은 보통 2중의 기단을 둔다. 하지만 용장사지삼층석탑 만큼은 높은 바위봉우리를 하층기단으로 삼아 상층기단만 세우고 석탑을 쌓았다. 이러고 보

바위를 하층기단으로 삼은 용장사지 삼층석탑.

용장사지 마애여래좌상.

면 남산전체가 탑의 기단을 이루게 되어 있다. 탑과 바위, 산이 하나다. 용장사 터에서 올려다본 삼층석탑은 장엄하다. 탑 위로 파란하늘이 선명하다. 신라의 하늘이다.

배리삼릉 소나무 숲

배리삼릉의 숨은 이야기

　남산답사의 출발지 서남산의 배리삼릉(사적 제219호)은 소나무 숲으로 우리에게 익숙하다. 사진작가들의 작품을 통해 종종 만나기 때문이다. 구불구불 제멋대로 자란 소나무들이 빽빽하다. 이곳은 특히 비온 뒤 안개가 자욱한 날 찾으면 색다른 느낌을 맛볼 수 있다.

　동서로 세개의 왕릉이 나란히 있다. 밑으로부터 신라 8대 아달라왕, 53대 신덕왕, 54대 경명왕 등 박씨 3왕의 무덤이라 '전하고' 있다. '전하고' 있다는 말은 이 능이 박씨 3왕의 무덤이 아닐 수도 있다는 말이다. 사실일까?

이와 관련 문화재청의 문화재정보센터(http://info.cha.go.kr)는 삼릉에 대해 다음과 같이 설명하고 있다.

"배리삼릉의 주인공이 신라의 박씨 3왕이라 전하고 있지만 확실한 기록은 없고 신라 초기의 아달라왕과 신덕왕, 경명왕 사이에는 무려 700여년의 차이가 있어 이들의 무덤이 한곳에 모여 있다는 사실은 받아들이기 어렵다. 또한 신라 초기에는 이와 같은 대형무덤 자체가 존재하지 않았다."

한국정신문화연구원의 강인구 교수도 시기적으로 가깝고 연속된 경우 동일묘역에 2, 3기씩 근접해 있는 경우가 있지만 삼릉처럼 700년의 장기간의 공백을 넘어 함께 있지는 않다며 이 고분들이 제8대 아달라왕릉, 제53대 신덕왕릉, 제54대 경명왕릉이 될 수 없다고 주장한 바 있다.

사실 경주의 왕릉 중에서 주인을 분명히 알 수 있는 무덤은 태종무열왕릉, 흥덕왕릉 등 몇개 뿐이라는 건 새삼스럽지 않다. 그럼에도 각 왕릉에는 이름표가 다 붙어있는 데 그 이유가 재미있다.

조선시대 경주부 망성리에 살았던 화계 유의건이 남긴 화계집(花溪集)이란 문집에 이러한 기록이 있다. 영조 6년 경술년(1730) 경주부윤 김시형과 박씨 문중이 이름 없는 왕릉을 찾아 남산을 기준으로 동남산에 있는 능들은 김씨 왕의 능으로, 서남산 일대에 있는 능들은 박씨 왕의 능으로 타협했다.

이때 이름을 붙인 능은 모두 17기. 이 17기의 왕릉 앞에 있는 능 표석도 대개 영조 때의 것이다. 정부는 영조 당시 이름을 붙인 왕릉을 그대로 받아들여 사적으로 지정한 것이다.

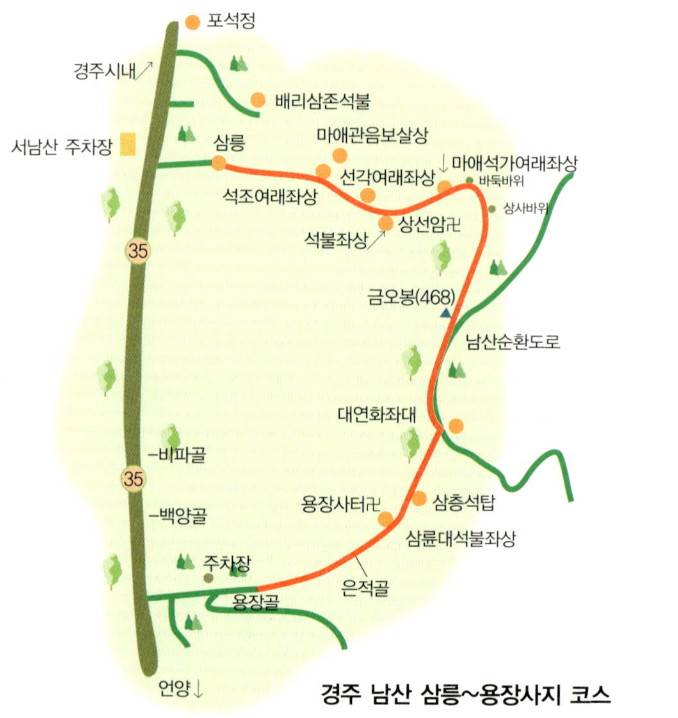

경주 남산 삼릉~용장사지 코스

경주 남산 가는 길

승용차_ 고속도로 톨케이트를 빠져나와 경주시내로 좌회전하는 삼거리를 지난 다음 네거리서 우회전하면 언양으로 가는 35번 국도. 왼쪽이 남산이며 조금 가다보면 삼릉 입구 서남산주차장이다.

시내버스_ 남산답사 출발점인 서남산주차장을 가려면 경주시내서 내남행 버스를 타고 삼불사 앞(또는 삼릉)에서 내리면 된다. 약 30분 소요. 택시는 삼릉으로 가자면 되고 요금은 시내에서 5천~7천 원 정도다.

남산 답사 두개 코스

남산을 제대로 이해하려면 다음 두 코스는 순서대로 올라봐야 한다.

●서남산 삼릉계곡~용장골_ 서남산(삼릉) 앞 주차장–삼릉–석조여래좌상–마애관음보살상–선각육존불–선각여래좌상–석불좌상–상선암–마애석가여래좌상–바둑바위–금오봉–삼화령 대연화좌–용장사터와 용장사지 삼층석탑–용장사지 마애여래좌상–용장골 입구 용장마을. 점심시간 포함 5시간 소요. 용장마을에서 출발지인 삼릉까지는 2.5㎞로 경주시내행 시내버스를 타면 된다.

시간여유가 넉넉하지 않다면 바둑바위까지 오른 다음 이곳에서 오던 길을 되돌아 내려가도 좋다. 이 경우 3시간 정도 소요.

●동남산 통일전~신선암 마애불~천룡사터_ 동남산(통일전) 앞 주차장–서출지–남산동 동서쌍탑–염불사지–칠불암 마애삼존불상과 사방불–신선암 마애관음보살상–백운암–천룡사터–틈수골 마을.

통일전에서 신선암까지는 1시간 40분~2시간이다. 통일전에 주차를 해둔 사람들은 신선암 마애관음보살상에서 되돌아 내려오는 게 일반적이다. 천룡사로 넘어가면 통일전 주차장까지 오기가 불편하다.

 남산답사 Tip

무료해설 프로그램=경주남산연구소(www.kjnamsan.org)는 매 일요일과 공휴일마다 전문안내인이 무료로 동행하며 남산을 안내하는 프로그램을 운영한다.

① 매월 첫째, 셋째, 다섯째 일요일과 공휴일마다 떠나는 서남산코스(삼릉에서 용장까지)

② 매월 둘째 일요일에 가는 동남산코스(국사골, 지바위골)

③ 매월 넷째 일요일 떠나는 남남산코스(열암골, 새갓골, 칠불암)

답사시간은 오전 9시 30분부터 6시간. 3일전까지 인터넷으로 접수(매회 선착순 50명)받는다. 전문가가 안내하며 참가자는 도시락과 간식만 준비하면 된다.

남산달빛기행=역시 경주남산연구소에서 매월 보름 전후 토요일에 '남산달빛기행' 프로그램을 무료로 개최한다.

4시간 소요. 남산연구소 홈페이지에서 선착순 50~80명을 접수받는다. 문의=054)771-7142.

004

흑백사진 같은 매력,
억새 가득한 창녕 화왕산성

추향색은? 가을바람의 색깔은? 은빛일 터다. 햇살을 받아 눈뜨기가 어려울 정도로 반짝이는 억새밭처럼. 바람에 일렁이는 하얀 억새는 역광으로 보면 은빛이지만 햇빛을 등지고 보면 추향색이다. 가을색에 완전히 물든 억새줄기와 잎이 함께 보이기 때문이다. 추향색은 이름 그대로 가을을 느끼게 하는 색이다.

흑백사진 같은 은은한 매력이 그립다면 화왕산성에 올라보라.

다만 억새가 주는 쓸쓸한 느낌으로 인해 억새산행은 신나는 나들이가 아니다.

여유를 갖고 천천히 머물며 생각하는 산행을 할 만하다.

억새산행, 알싸한 가슴을 안고 올랐다가 여운을 가지고 내려옴직 하다.

화왕산 억새, 산성을 따라 분지를 한바퀴 돌면서 봐야 제맛이다.

보송보송한 솜털 같은 부드러움으로 산 능선을 뒤덮은 화왕산성의 억새. 일렁일렁, 억새가 가득한 능선에선 은빛 가을바람을 타고 파도가 인다. 그 파도를 따라 가을바람의 소리를 듣는다. 사그락 사그락, 소리만으로는 메마르다. 하지만 억새밭에 서면 어지간히 무딘 사람도 가을을 보고 들을 수 있다.

전국에 억새명소는 많다. 하지만 창녕의 화왕산만한 곳은 없다. 사람의 키를 훨씬 넘는 억새의 크기도 그렇지만 화왕산은 봉우리와 봉우리 사이의 산성 안쪽을 따라 오목한 6만 여평 대규모 분지가 온통 하얀 억새꽃으로 뒤덮이기 때문이기도 하다.

배경으로 깔린 푸른 하늘을 빼면 온통 하얀빛 뿐. 갑자기 흑백의 세상에 들어선 느낌이다. 같은 시기에 아름다움을 자랑하는 화려한 단풍에 비하면 오히려 너무 소박한 편.

억새를 보러 왔다면 억새밭 한 가운데에 털썩 주저앉아봐야 한다. 시간에 쫓기듯 황급하게 올라서는 억새의 묘미를 알지 못한다. 키보다 큰 억새 사이에서는 카메라를 들이대기만 해도 작품이 된다.

억새에 묻혀 화왕산성을 보지 못한다면 아쉬움이 너무 크다. 둘레 2.6㎞ 산성을 따라 분지를 한바퀴 돌아봐야 화왕산의 진면목을 제대로 볼 수 있다. 이렇게 산성을 따라 억새밭을 한 바퀴 도는 데는 한 시간 남짓 걸린다.

흑백사진 같은 은은한 매력이 그립다면 화왕산성에 올라보라. 다만 억새가 주는 쓸쓸한 느낌으로 인해 억새산행은 신나는 나들이가 아니다. 여유를 갖고 천천히 머물며 생각하는 산행을 할 만하다. 억새산행, 알싸한 가슴을 안고 올랐다가 여운을 가지고 내려옴직 하다.

억새산행과 암릉산행을 동시에

창녕여중 쪽에서 출발, 환장고개를 넘어 올라선 화왕산. 밋밋하다. 억새가 가득하지만 뭔가 빠진 듯한 기분을 지울 수 없다. 그렇다. 억새는 역광으로 보라고 했다. 아직 오전 10시 전. 왼쪽의 화왕산 정상 대신 해를 안고 가는 오른쪽 배바위로

 화왕산성

화왕산(757m) 정상의 험준한 산비탈을 이용해 골짜기를 둘러싼 산성이다. 둘레는 2.6km. 현재 남아있는 산성의 둘레는 약 1.8km로 동쪽 성벽의 대부분은 돌로 쌓았으며 서쪽 성벽은 흙과 돌을 섞어 쌓았다. 성벽은 높은 곳이 4m정도 된다.
세종실록지리지와 신증동국여지승람에 따르면 조선전기에 무너졌다가 임진왜란 때인 1595년에 다시 쌓았고 그 이듬해에는 홍의장군 곽재우가 이 성에서 의병을 일으켜 내성을 쌓았다고 한다. 성안에는 아홉개의 샘과 세개의 연못이 있었다. 산성 중앙의 연못 주위에는 많은 건물터가 남아있다. 창녕 조(曺)씨가 이곳에서 성(姓)을 얻었다는 이야기를 새긴 창녕 조씨득성비도 있다.

화왕산성 동문에서 관룡사 가는 길에 있는 〈허준〉촬영장.

향한다. 그제야 역광에 하얗게 반짝이는 억새밭.

화왕산은 그리 높지 않다. 쉬엄쉬엄 걸어도 1시간 20분이면 오를 수 있을 정도다. 화왕산성을 따라 돌며 지겹도록 억새를 보고도 남는 시간은? 화왕산에서 관룡산을 거치며 암릉을 타는 재미까지 곁들이면 딱 맞다.

화왕산성 동문을 나서 TV드라마 〈허준〉 촬영장이었던 곳으로 향한다. 10분 거리. 샘터가 앞에 있다. 거의 산 정상부근인데도 물이 솟아나는 걸 보면 신기하다. 촬영장에서 옥천매표소로 내려가는 임도(林道)가 있는 청간재(옥천삼거리)까지는 다시 15분을 더 걸어가야 한다. 임도여서 길은 넓은 편. 급한 오르내리막이 없는 평탄한 길이다.

청간재는 사실 삼거리가 아니라 네거리다. 화왕산에서 내려와 청간재에서 직진하면 관룡산으로 향하고 오른쪽 임도를 따라가면 옥천매표소다. 왼쪽 임도를 따라 아래쪽 청간마을까지는 4.6㎞.

청간재에서 헬기장이 있는 관룡산(750m) 정상까지의 1.2㎞는 완만한 오르막이다. 나지막한 소나무 숲길. 20여분 걸린다. 하지만 어느 산에나 있는 정상표지석이 없다. 헬기장 바닥에 누군가 써둔 듯 '관룡산 750m'란 나무판자가 전부다.

관룡산 정상 헬기장에서 바로 나무토막으로 만든 계단을 내려서면 용선대 석불을 지나 관룡사로 이어진다. 산행 목적지인 암릉 길을 지나 청룡암을 거쳐 관룡사로 가려면 헬기장에서 10여m를 되돌아와 왼쪽 아래 등산로를 따라가야 한다. 자칫 용선대 석불로 내려서기 쉽다. 주의해서 길을 찾아야 한다.

능선을 따라 내리막을 내려서면 이내 암릉이 시작된다. 첫 암릉지대에 다가서면 등산로를 따라 바위 전망대를 우회하는 굵은 밧줄이 쳐져있다. 전망대로 바로 오르면 전망이 탁 트인다. 저 멀리 아래에 관

관룡산을 지나 구룡산으로 향하면 나타나는 암릉.

룡사도 보이고 산과 산 사이 분지에 옥천면이 아득하다.

절경 뿐만 아니라 관룡산에서 구룡산으로 이어지는 암릉이 예사롭지 않다. 설악 공룡능선의 축소판이랄까. 하지만 아득한 낭떠러지 암릉을 지나는 기분만큼은 공룡능선에 버금간다.

바위길을 따라 5분여 더 가면 갈림길이다. 오른쪽 아래로 급격하게 떨어지는 산행로는 청룡암을 거쳐 관룡사로 가는 길이다. 부곡온천으로 가는 종주길은 암릉을 계속 타야한다.

10분 남짓, 가파른 내리막 암릉길을 내려서면 청룡암 입구 작은 약수터다. 청룡암은 불과 40m 거리. 청룡암에서 병풍바위를 보는 풍경도 괜찮다. 암자 뒤쪽의 마애불도 볼거리. 청룡암에서 관룡사까지는 1㎞. 천천히 걸어도 15분이면 닿는다. 관룡사에 도착하면 이곳에서 700m 떨어져 있는 용선대 석조석가여래좌상도 꼭 들렀다 와야 한다.

 억새 감상은 해를 마주안고

같은 억새밭을 다녀오고도 코스에 따라 주는 감동은 엇갈린다. 이는 태양을 마주 안고 역광으로 봐야 반짝이는 은빛 억새의 진풍경을 제대로 볼 수 있기 때문이다.
억새의 정취를 제대로 만끽하는 가장 좋은 시간은 오전 8시~10시, 오후 3시~4시 사이다. 해가 중천에 떠있는 낮 시간대는 피해야 한다. 같은 역광이라도 적당히 기울어져 있는 태양빛이 더 좋다. 때문에 산행코스도 해를 등지는 것보다 해를 안고 가도록 짜야 한다. 억새들이 노을 햇살에 반사되어 황금빛을 띠는 해질녘이라면 더할 나위 없다. 문제는 하산시간. 헤드랜턴 등의 장비를 갖추어야 한다.

관룡사 용선대의 석조석가여래좌상. 옥천계곡이 한눈에 내려다보인다.

관룡사와
용선대

　대구시내 어디서든 한시간 이내에 닿을 수 있는 창녕은 곳곳에 문화유적과 관광 자원이 즐비하다. 국보 2점 등 국가지정 문화재 18개에 경상남도 지정문화재만 해도 50개에 이른다. 이는 관룡산(750m) 산자락에 포근하게 들어앉은 관룡사를 찾으면 실감할 수 있다. 관룡사에는 11개의 건물, 석탑, 석불이 문화재로 지정되어 있다. 이 중에서도 여행객들의 마음을 단번에 낚아채는 것은 용선대의 석조석가여래좌상(보물 제295호)이다.

　관룡사에서 용선대 석불까지는 700m. 15분 거리지만 산길이 지겹지 않다. 포근한 오솔길에다 가파른 나무계단이 이어지기도 하고 산사태 지역에선 아찔한 맛도 보여준다. 희한하게도 쉬어갔으면 싶을 때 눈앞에 집채만한 너럭바위가 나타난다. 용선대다. 사바와 극락사이 번뇌의 세상을 용이 이끄는 배를 타고 건넌다는 '반야용선(般若龍船)'에서 따왔다.

　용선대로 오르는 마지막 길은 쉽지 않다. 하긴 온갖 번뇌를 떨치고 용이 이끄는 배를 탄다는데 이 정도 가파름이 문제될 리 없다. 편편한 바위 위에 편안한 모습의 부처님이 관룡사를 향해 정좌해 있다. 그렇게 천년의 세월동안 사바세계의 중생들을 용선에 태워 극락세계로 인도해왔다. 그동안 세월의 무게가 더해져 얼굴이며 몸 전체에 흰 이끼가 덕지덕지 붙었다.

용선대 불상을 제대로 보기 위해선 관룡산 정상 쪽으로 20여m 위쪽에 있는 바위 위에 올라야 한다. 산 아래 옥천계곡과 올망졸망한 능선을 법당으로 삼아 사바세계를 지켜보는 부처의 모습이 한눈에 들어온다.

용선대의 불상을 두고 이곳 토박이들은 '팥죽부처' 라고 부른다. 팔공산 갓바위처럼 한가지 소원은 들어준다며 동짓달 소원을 빌기 위한 행렬이 줄을 잇는다.

관룡사에선 입구의 돌장승 한쌍과 돌로 쌓아올린 일주문을 눈 여겨 봐야 한다. 마주보고 있는 돌장승은 자칫 지나치기 쉽다. 왕방울 눈과 큰 코가 제주도 돌하루방을 닮은 듯하면서도 소박한 모습이다. 경상남도민속자료로 지정되어 있다.

차가 다니는 큰 길을 두고 솔밭 속의 길을 따라 가면 돌계단이 나타난다. 이 돌계단 위에 있는 관룡사 일주문이 특이하다. 자연석을 쌓아 사람이 드나들 수 있는 공간을 만들고 그 위에 기와를 얹어 지붕을 만들었다. 크지도 않아 한사람이 드나들 수 있을 정도다. 일주문을 들어서면 관룡사와 뒤쪽 구룡산 병풍바위가 어우러진 환상적인 경치를 볼 수 있다.

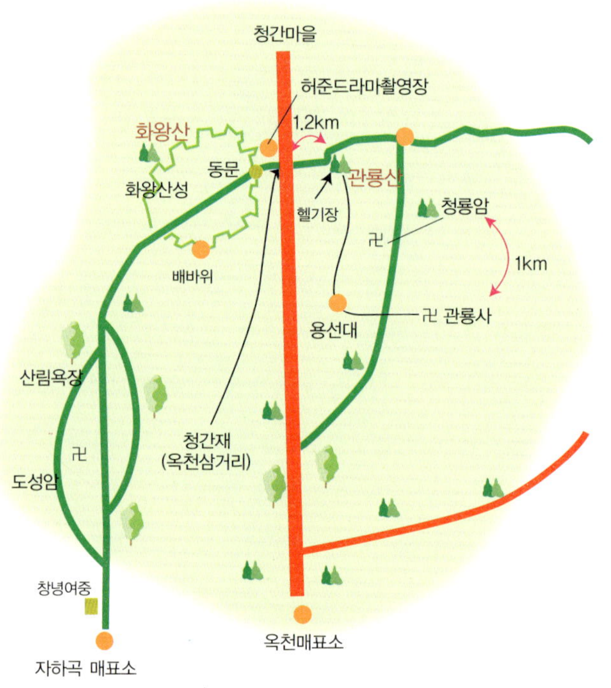

화왕산성 가는 길

버스_ 서울남부시외버스터미널에서 창녕행 버스가 하루 5회 운행한다. 대구→창녕은 대구서부정류장에서 오전 7시부터 30분 간격으로 있다. 창녕→대구는 오후 9시까지 역시 30분 간격.

시내버스_ 창녕에서는 시내버스로 옥천매표소까지 이동한다. 창녕 시내버스터미널(시외버스주차장 바로 옆)에서 옥천매표소 행 시내버스는 07:00, 09:40, 11:40, 14:10, 15:50, 18:00. 옥천에서 창녕 시내버스터미널로 가는 시내버스 시간은 07:25, 10:10, 12:10, 14:40, 16:20, 18:30.

승용차_ 경부고속국도~대구 금호분기점~서대구 나들목~대구도
시고속도로~화원 나들목~옥포분기점~구마고속국도~현풍~창녕
나들목~좌회전~창녕여중~화왕산.

안내전화

창녕군 문화홍보과=055)530-2231~3.
화왕산 옥천매표소=055)530-2498. 관룡사=055)521-1747.

추천코스

화왕산을 오르는 코스는 창녕여중 쪽에서 오르는 것과 옥천매표소
쪽에서 오르는 것, 크게 두가지다. 옥천매표소에서 오르는 길은 대
부분이 임도로 구성되어 있어 노약자나 어린이 등과 동행할 경우
좋은 코스. 그러나 대부분 가을 억새산행은 창녕여중-도성암-화왕
산-도성암-창녕여중으로 잡는다. 이럴 경우 화왕산까지 오르는데
1시간 20분 정도. 시간여유가 있다면 화왕산과 관룡산 두곳을 동
시에 돌아봐도 좋다.

① 창녕여중 인근 자하곡매표소-화왕산-옥천삼거리(청간재)-관룡
산-청룡암-관룡사-용선대의 석조석가여래좌상(보물 제295호)-관
룡사-옥천매표소-시내버스-창녕 : 4시간.

② 옥천매표소-옥천삼거리(청간재)-화왕산-옥천삼거리-관룡산-청
룡암-관룡사-용선대의 석조석가여래좌상-관룡사-옥천매표소 : 5
시간.

첫번째 코스는 옥천에서 창녕으로 돌아오는 시내버스 시간을 잘
맞추어야 한다. 자칫 2시간여를 기다려야 하기 때문이다.

화왕산 인근에 창녕 우포늪이 있다. 연계해서 둘러볼 만하다. 화왕
산을 다녀온 후에는 부곡온천에서 피로를 풀면 좋다.

송이 돌솥밥.

맛

화왕산 옥천매표소 아래쪽에 옥
천저수지가 있다. 이 주변으로
새로 생긴 음식점이 많다. 이곳
음식점의 공통점은 송이버섯을
재료로 사용한다는 점이다. 창녕
현지의 공무원들은 송이삼계탕
이 맛있다고 추천한다.

전통민속쌈밥(055-521-3279)
에선 송이돌솥밥과 쌈을 함께
내놓기도 한다.

송이돌솥쌈밥 1만원. 송이향이
입안에 한가득 감돈다. 숭늉을
먹을 때도 은은한 송이향은 계
속된다. 다만 향이 너무 강한 쌈
까지 나오는 건 옥의 티. 향이
강한 쌈은 송이의 향을 제대로
음미할 수 없게 하기 때문이다.

+

가을이 깊어가면서 산속의 바다도 깊어진다.
능선마다 바람에 출렁이는 억새의 물결,
그 회백색 파도…….

물가에 있으면 '갈대', 산속에 있으면 '억새'. 그러
나 창녕 사람들은 화왕산의 억새를 '갈대'와 '억새'
로 번갈아 부른다.
가을에는 '갈대' 축제를 열고, 이듬해 정월대보름에
는 '억새 태우기' 행사를 한다. 가을에는 갈대로 불
리다가 겨울을 넘기면서 이름만 다시 억새로 바뀌는
것이다.
예전에 이 산에 용지(龍池)라는 호수가 있었고 그 주
변에 갈대가 무성했다고 한다. 세월이 흐르면서 연
못은 말라갔고, 또 인근 지역까지 억새로 채워졌다.
그래서 갈대와 억새라는 이름이 동시에 이 산중에
남아있다고 사람들은 말한다.
천년 전부터 그 자리를 지킨 관룡사 용선대 돌부처
님께 '저 말 맞아요?' 하고 넌지시 물어보니 미소로
만 답하신다.

자연, 생명, 그리고 삶의 이야기를 찾아가는 생태여행. 처음은 그저 이름모를
꽃, 이름모를 나무가 지닌 아름다움과의 우연한 조우에서 시작한다. 그 아름다
움을 잊을 수 없어 적극적인 앎으로 이어질 때 생태여행에 진정한 새로움이 일
어난다. 아주 작은 풀잎도 그냥 지나칠 수 없는 마음을 배운다.

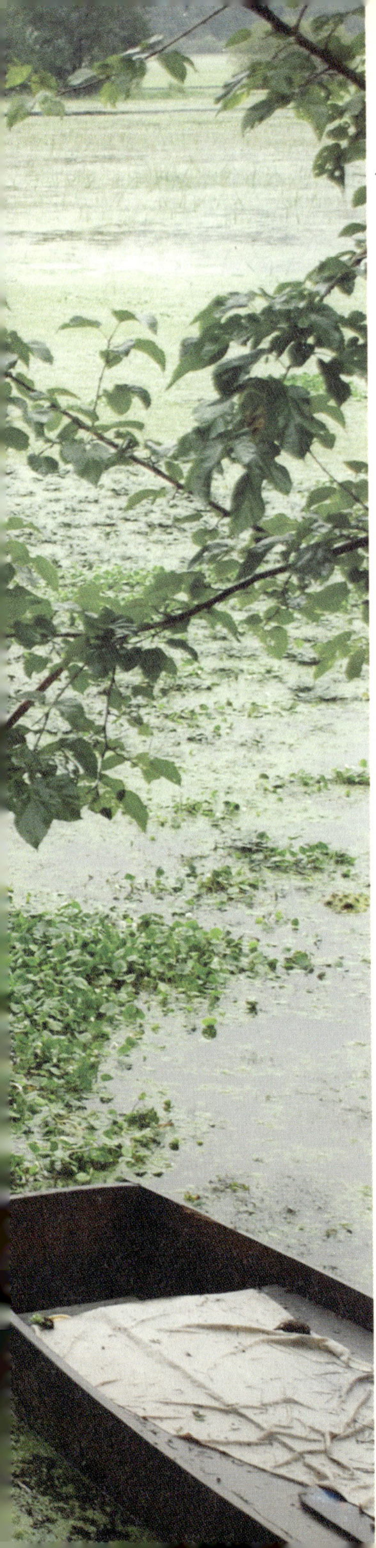

생태여행

다섯. 흑갈색/경외

-수백년 풍상 겪은 나무에서 배운다, 포항 · 영덕의 노거수

여섯. 홍색/기상

-올곧은 너를 닮고 싶다, 울진 금강소나무 숲

일곱. 초록/희망

-가족 생태관찰에 딱! 포항 경상북도수목원

여덟. 하엽색/고요

-생명이 숨쉰다, 창녕 우포늪

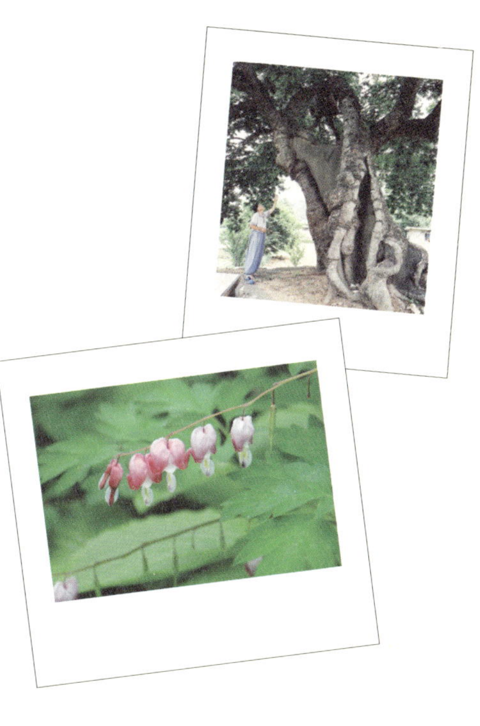

005

색깔_흑갈색

느낌_경외

수백년 풍상 겪은 나무에서 배운다,
포항 · 영덕의 노거수

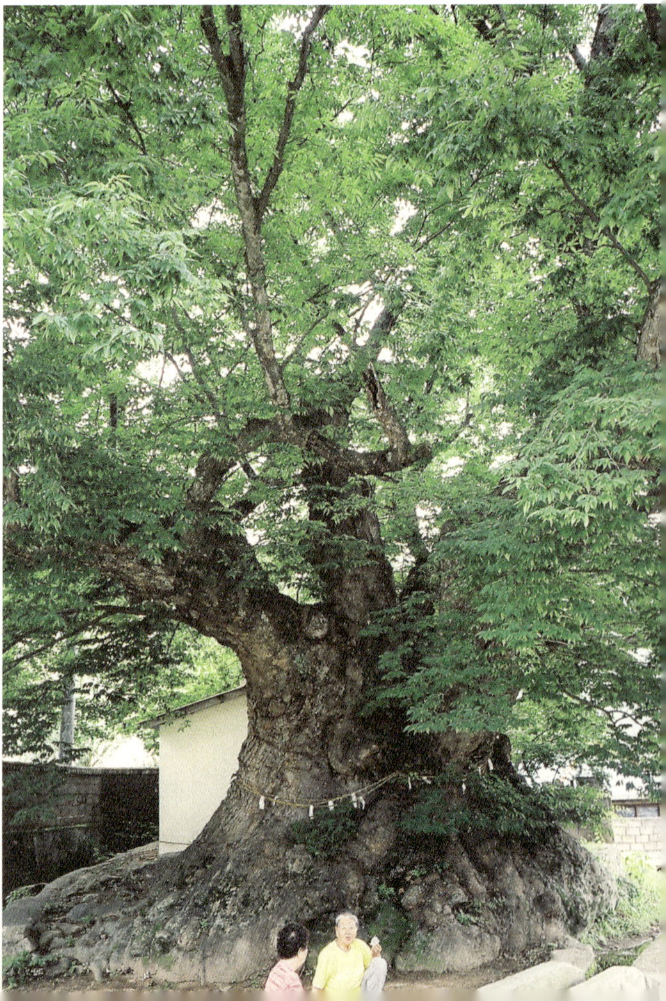

흑갈색은?

흑갈색은 검정과 가까운 색이다. 중후한 이미지로 남자다우며 힘 있고 강한 느낌이 든다. 수백년 풍상을 겪어온 노거수 가지는 대부분 흑갈색이다. 이런 노거수 앞에 서면 아름드리 크기에 놀란다. 그러나 놀라움도 잠시, 정작 크기보다 알 수 없는 강인한 기와 힘에 압도당하고 있다는 사실을 깨닫는다. 그게 결코 노거수의 흑갈색 때문만은 아니리라.

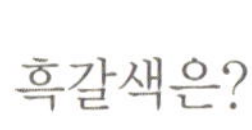

노거수를 찾아 떠나는 여행은 특별했다.
나무에 담긴 수백년 세월의 풍상과
옛 사람들의 흔적, 숨결을 만나는 여행이기 때문이었다.
노거수여행은 자연그대로의 아름다움을 찾아가는 진정한 생태여행이기도 했다.

영덕군 지품면 신안리 느티나무,
나무에 담긴 수백년 세월의 풍상을 만난다.

노거수(老巨樹)는 글자 그대로 나이가 많고 크기가 큰 나무를 의미한다. 명칭에서부터 고리타분한 냄새가 나는 이런 나무를 찾아다니는 여행이 재미있기는 할까? 하지만 기우였다. 노거수를 찾아 떠나는 여행은 특별했다. 나무에 담긴 수백년 세월의 풍상과 옛 사람들의 흔적, 숨결을 만나는 여행이기 때문이었다. 노거수여행은 자연그대로의 아름다움을 찾아가는 진정한 생태여행이기도 했다.

쉽지는 않은 일이었다. 잘 알려지지 않은 동네를 찾아다녀야 했고 비포장 길도 마다하지 않아야 했다. 하지만 그럴수록 즐거움은 오히려 커졌다.

여행엔 동행이 있어야 제 맛이다. 그렇다고 꼭 사람이어야 할까? 노거수는 여행의 훌륭한 동행이었다. 찾아가는 노거수마다 말없이 세월의 흔적을 전해왔다.

따지고 보면 한국처럼 나무에 생명을 불어넣고 사람과 동일시하는 나라도 없다. 수백년이나 된 나무는 그 오랜 세월 동안 동네주민들의 수호신 역할을 해왔다. 매년 정월대보름마다 노거수를 대상으로 마을의 평화와 안녕을 비는 제를 지내고 칠월칠석이면 온 주민이 모여 막걸리까지 대접해왔다. 우리만의 독특한 전통문화다.

잘 살펴보면 수령의 차이는 있을지언정 노거수는 전국 어디든 다 있다. 시골 동네마다 느티나무 동신목이 없는 곳은 없을 정도다. 사찰과 서원마다 수백년 된 은

연리지(連理枝)

연리지는 원래 뿌리가 다른 두 나무의 나뭇가지가 서로 엉켜 마치 한 나무처럼 자라는 것이다. 연리목은 뿌리가 다른 두 나무의 줄기끼리 서로 붙은 나무이다.

당나라 현종과 양귀비의 뜨거운 사랑을 읊은 시인 백거이의 시 〈장한가〉는 이렇게 읊고 있다.

"재천원작비익조(在天願作比翼鳥 · 하늘에서 다시 만나면 비익조가 되기를 원하고), 재지원위연리지(在地願爲連理枝 · 땅에서는 연리지가 되기를 원하네)."

비익조는 날개가 한쪽뿐이어서 암컷과 수컷의 날개가 결합해야만 날 수 있다는 새로 연리지와 같은 뜻으로 쓰였다.

영덕군 지품면의 봄, 복사꽃으로 무릉도원을 이룬다.

행나무 한두 그루는 꼭 자라고 있고 오래된 전통동네 치고 회양나무 한 그루 없는 곳도 찾아보기 어렵다. 이런 나무들은 저마다의 사연과 이야기를 담고 있다. 모두 다 조상들의 숨결이다.

우리나라에는 노거수를 포함해 보호수로 특별히 지정해 관리하는 나무는 9천400여 그루. 오랜 세월, 가지가 붙을 때도, 잎이 무성할 때도, 옆으로 기울어질 때도, 자연의 일에 불평 한 마디 없이 그대로 따르며 오롯이 자리를 지켜 왔다. 한 그루 한 그루마다 경제적 가치로만 따질 수 없는 자연관이 스며있다.

▶▶▷포항 영덕지역의 노거수

▶ 포항시 기계면 문성리 노거수와 고인돌

대구—포항 고속국도 서포항IC에서 내려 청송방향 31번 국도를 따라 2.2km를 가면 왼쪽이 문성리다. '새마을운동발상지'라는 안내간판이 있는 신호등이 있다. 여기서 좌회전해서 들어가다가 마을입구에서 좌측 시멘트포장 길로 들어가면 들판에 우뚝 선 거대한 고인돌 앞에 나무 한 그루가 서 있다. 200년 된 팽나무다.

나무와 고인돌 주변으로 새끼줄이 쳐져있다. 지난 정월 대보름에 동네의 안녕을 비는 제를 올린 흔적이다.

▶ 포항시 신광면 마북리 느티나무

사정리 팽나무에서 가깝다. 청하 방면으로 조금 더 가다가 만석리에서 좌회전하면 나오는 마북저수지 앞에 있다. 경북 보호수 제1호로 지정된 나무다. 권씨 할배나무 혹은 무자천손(無子千孫) 나무라고도 한다. 수령은 720년.

이 나무는 특이한 내력을 지니고 있다. 1999년 마북저수지 공사로 수몰위기에 놓인 것을 지역 노거수회의 도움으로 4억5천만 원의 경비를 들여 원래 있던 위치에서 200m 위로 이식했다.

▶ 영덕군 지품면 신안리 느티나무

찾기가 쉽다. 영덕에서 안동방면 34번 국도를 따라 13km를 가면 지품면소재지다. 지품중학교 표지판을 따라 오른쪽으로 들어가면 중학교 옆에 있다.

이 나무는 수령이 1천년으로 경북에서 가장 오래된 노거수다. 여름이면 마을 주민들이 나무그늘에 자리를 깔고 쉬는 휴식처. 가까이서 보면 나무크기에 압도당할 만큼 크다.

▶ 포항시 신광면 사정리 팽나무

대구—포항 고속국도 서포항IC에서 내려 포항방향으로 2.1km를 가면 네거리다. 68번 도로를 따라 좌회전해서 신광·청하 방향으로 내달린다. 오른쪽 흥해로 빠지는 길을 지나 계속 직진하면 사정2리 마을 입간판이 있다.

마을 앞에 당산나무로 보호되고 있는 팽나무가 있다. 5개의 가지 가운데 하나는 고사해버렸다. 바닥은 콘크리트를 씌웠다. 이 때문인지 팽나무 앞의 향나무도 그렇게 편해보이지는 않는다.

▶ 영덕군 창수면 미곡리 느티나무

포항방면에서 영덕을 지나면 영해다. 이곳서 영양으로 가는 918번 지방도를 따라 창수면으로 간다. 여기서 다시 삼계리 가는 방향으로 10분을 가면 보이는 영덕학생야영장 동네에서 좌회전한다. 다리를 건너 언덕 위 마을에 있다.

800년 된 이 나무는 연리지다. 굵은 두 가지는 하트모양으로 붙었다. 연리지는 예전에는 효성을 나타냈으나 요즘은 애정을 비유한다.

영덕 강축
해안도로

노거수만을 찾는 생태여행이 단조롭다고 느낀다면 영덕쯤에서 바닷가로 나가보자. 영덕은 강구에서 병곡까지 이어지는 해안도로를 달려봐야 제대로 된 여행을 하는 것이다. 이 해안도로를 축으로 해서 육지 쪽으로 난 도로를 따라 들락거리며 여행을 하는 것이 묘미다. 시간이 촉박하다면 강구에서 대진해수욕장까지라도 괜찮다.

창수면 미곡리 느티나무를 보고 영해로 나와 해변 쪽으로 대진해수욕장 이정표를 따라간다. 대진에서 좌회전하면 병곡이고 오른쪽이 강구항으로 가는 해변도로다. 이곳서 강구항까지는 승용차로 30여분. 멀지 않다.

겨울이라면 대진3리 앞 도로주변은 온통 오징어다. 오징어가 많이 잡힐 때 싸게 사서 냉동보관해 뒀다가 말리는 것이다. 겨울 바닷바람에 8일 정도 말리면 최소한 다섯배 장사는 거뜬하단다. 동네 앞 바닷가는 학꽁치를 낚는 낚시꾼들의 차지다. 찬 날씨에도 꽤 많은 사람들이 몰려 심심하지 않을 만큼 학꽁치를 낚아 올린다.

축산항을 지나면 경정3리 차유마을이다. 대게원조마을로 알려졌다. 4년 전 해양수산부로부터 어촌체험마을로 지정됐다. 89가구 중 60가구 정도가 민박과 함께 대게를 판매한다.

이 마을에선 직접 잡은 대게만 판매한다. 매일새벽 출항해 근해에서 대게잡이를 하고 오후 늦게 돌아온다. 대신 대게는 크지 않다. 가격도 강구항에 비해 엄청 싸다. 대게 몸통 직경 9cm 기준으로 7천원~1만원 정도. 4인 기준으로 열마리면 충분하다. 이 마을에서 생산되는 대게의 60% 정도는 택배로 소진되는 것을 보면 전국

강구항 수산물공동판매장의 난전.

영덕 영해 5일장.

오징어말리기로 장관을 이루는 영덕 강축해안도로.

적으로도 어지간히 이름났음을 알 수 있다.

강축해안도로(강구~축산) 구간은 바다경치가 아름답다. 특히 해맞이공원 주변 풍경과 위쪽의 풍력발전단지가 볼 만하다.

 안동 용계리 은행나무, 옮겨 심는데 23억 ____________________

천연기념물 제175호로 지정된 안동시 길안면 용계리 은행나무는 경제적 가치로는 결코 따질 수 없는 노거수다. 지난 1990년 임하댐이 건설되면서 수몰위기에 처하자 사업비 23억원을 들여 무려 4년에 걸친 상식(上植)공사 끝에 살려 냈기 때문이다.
키 47m에 가슴높이의 줄기둘레가 14m인 이 나무는 칠백살이 넘은 것으로 추정된다. 거대한 나무를 들어 올리고 나무가 있던 자리에 15m 높이의 흙을 쌓아 나무를 앉히는 신공법이었다. 세계적으로 나무 하나를 살리는데 이만한 예산을 들인 사례를 찾기도 힘들다.

강구항에서는 횟집보다 수산물공동판매장 난전이 볼 만하다. 대게와 각종 수산물을 싼값에 판매한다.

영덕지역의 5일장에 맞춰 여행을 하는 것도 재미있다. 시골장의 분위기와 정취를 한껏 느낄 수 있는 곳들이다. 바닷가 5일장(강구 3일, 8일/영덕 4일, 9일/영해 5일, 10일)에서 값싼 수산물까지 살 수 있는 덤이 있다.

수산물은 영해장이 유명하다. 하긴 영덕읍 주민들까지도 영덕장을 두고 이곳까지 온다니 새삼스러운 일도 아니다. 특히 영해장의 어물전이 펼쳐진 쪽은 장날마다 발 디딜 틈이 없을 정도다. 사람 사는 냄새가 물씬하다. 영덕에서 영해까지는 승용차로 10분 거리다.

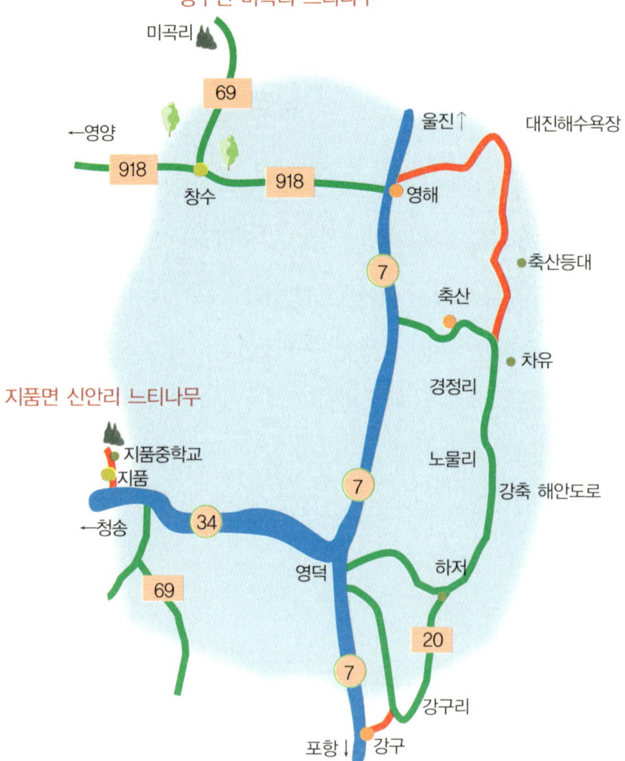

승용차_ 서울~영동고속국도~만종분기점~중앙고속국도~서안동 IC~안동~34번국도~영덕.

버스_ 동서울터미널~안동 30분 간격 운행. 안동~영덕 시외버스 하루 20회 운행.

안내전화

포항시 문화관광과=054)270-2243.

영덕군 문화관광과=054)730-6392.

영덕시외버스터미널=054)732-7673.

추천코스

노거수만을 찾는 생태여행을 작정하고 출발했다면 포항시 기계면 문성리 팽나무부터 시작해서 차례로 신광면 사정리 팽나무, 신광면 마북리 느티나무, 영덕 지품면 신안리 느티나무, 창수면 미곡리 느티나무 순으로 코스를 잡으면 된다.

그렇지 않다면 인근의 명소를 돌아보고 틈틈이 노거수를 찾아봐도 괜찮다. 기계와 신광부근에선 경상북도수목원과 기청산식물원, 영덕에선 강구—축산 해안도로 드라이브가 괜찮다.

점심때를 맞춰 영덕의 맛을 보기 위한 여행이라면 영해에서 강구 쪽으로 해안도로를 내려오면서 달려도 괜찮다. 날짜가 맞는다면 영해장(5일, 10일)에는 꼭 들러보길.

맛

평소 친분이 있던 현지 주민들과 공무원들의 입을 빌렸다. "외지에서 아주 친한 사람이 찾아왔을 때 아무 부담 없이 들를 만한 식당들을 골라 달라."고 주문했다.

선미횟집(054-733-7539). 자연산만을 고집한다. 주인이 배를 가지고 있기 때문에 가능하다. 회가 나오기 전에 맛보기로 내주는 멍게, 해삼, 미역도 식당 바로 앞의 바다에서 채취한다. 안주인인 이춘난(52)씨가 직접 해녀생활을 해서 따온다. 도다리와 우럭 한 접시에 4만원. 회는 무채를 깔지 않아 양이 많다. 네명 정도 먹을 수 있다. 바닷가 외진 곳이면서도 알음알음으로 손님들이 찾아든다.

선미횟집의 자연산 회.

바닷가라고 해서 회만 있다면 섭섭하다. 아성식당(054-734-2321)의 소고기 불고기는 참 특이하다. 반찬으로 나온 콩나물과 삭은 김치, 나물을 마음대로 육수에 넣어 익혀먹을 수 있는 것도 생소하다. 지금은 보기 힘든, 양은으로 만든 불고기판을 쓴다. 간장 소스에 달걀노른자를 담아내는 것도 특색 있다. 옛날부터 해오던 방식으로 불고기에 고소한 맛을 더해준다. 공기밥 포함 1인분 8천원.

006

올곧은 너를 닮고 싶다,
울진 금강소나무 숲

홍색은? 홍색은 진취적이다. 2002년 한일월드컵에서 한국이 이룬 4강 기적의 한
힘이 되었던 붉은 악마의 응원을 떠올리면 쉽다. 다이내믹한 이미지다.
홍색은 힘을 나타낸다. 왕이 입던 곤룡포가 빨간색인 것은 이 때문이다.
울진 소광리 금강소나무는 속도 붉고 껍질도 붉다. 금강소나무 숲에 서
면 굽지도 않고 당당하게 하늘로 뻗은 붉은 기상을 볼 수 있다.

그저 장대한 소나무에 감탄할 뿐이다.
이 금강소나무는 양팔을 벌려도 안지 못할 만큼 크다.
그래도 두팔을 벌려 안고서 쳐다봐야 제대로 볼 수 있다.
하늘을 향해 굽힘없이 쭉 뻗어 올라간 붉은 소나무 모습이 속 시원하다.

울진 금강소나무 숲 입구.

〈오우가〉. 울진의 금강소나무 숲으로 가는 길, 문득 윤선도의 〈오우가〉가 떠오르는 것은 왜일까?

'너는 어찌하여 눈이 오나 서리가 내리나 변함이 없는가. 깊은 땅속까지 뿌리 곧음을 그로 하여 알겠노라.'

그렇다. 갑자기 울진 여행을 생각하는 것은 윤선도가 벗으로 삼은 소나무를 닮고 싶어서일 게다. 비록 굽고 뒤틀린 모양이지만 소나무의 변함없는 푸르름을 배우고 싶어서일 게다. 그런 벗이 보고 싶어 찾은 곳이 울진의 소광리 금강소나무 숲이었다.

하지만 딴판이었다. 금강송은 단 한 나무도 굽어지지도, 뒤틀리지도 않았다. 볼품없

하늘을 떠받치듯 쭉 뻗어올라간 금강소나무.

이 왜소하지도 않았다. 오히려 당당했다. 쭉쭉 뻗은 시원한 모습. 아름드리 소나무가 하늘을 떠받치듯 솟아있었다.

'사람의 나이도 이순(耳順)은 돼야 소나무가 제대로 시야에 들어오리(박희진의 시 〈소나무에 관하여〉).'

소나무가 주는 느낌을 제대로 이해하려면 나이 예순은 되어야 한다는 뜻일 게다. 금강소나무 숲에선 예외였다. 장쾌한 나무들이 한눈에 들어온다. 솔향이 온 몸을 휘감았기 때문이리라.

너나없이 앞만 보고 달려온 지금. 눈앞의 현실은 꽉 막히고 답답할 뿐이다. 그럴수록 곧고 푸르고 쭉쭉 뻗은 금강소나무가 그립다. 이젠 이곳 숲에서 마음을 가다듬을 때다. 200년, 300년, 많게는 500년간 푸르름을 지켜온 숲이 아니던가. 그동안 단 한번도 화려한 꽃을 피워본 적이 없었을 터. 그래도 솔바람에 실려 오는 솔향만은 여전했다. 후터분한 날씨 속의 상크름함. 그런 금강소나무를 닮고 싶다.

 울진 금강소나무를 부르는 이름

금강송(金剛松)은 다른 지역 소나무보다 수형이 곧고 재질이 단단하여 부르는 이름이다. 겉과 속이 붉다 하여 적송(赤松)이라 하기도 하고 속이 창자모양과 같고 붉고 누렇다 하여 조선시대(숙종)에는 황장목(黃腸木)이라 불렀다. 미인처럼 늘씬하게 뻗어 미인송이라고도 한다.
춘양목이라고도 불리는데, 그 이름은 왜 생겼을까?
울진에는 철도가 없다. 자연히 소광리에서 가까운 봉화 춘양역이 금강송의 집하장이 됐다. 이때부터 울진 안에 생산되는 금강송이 다만 춘양역에 모여 사방으로 공급됐다 하여 춘양목이라 불렸다.

22세기를 위해 보존해야 할 숲

울진에서 36번 국도를 따라 봉화방면으로 가다 통고산자연휴양림 조금 못 미처 광천교를 지나면 오른쪽으로 소광 방면 917번 지방도 표지판을 만난다. 이곳에서 금강소나무 숲까지는 13.5㎞.

광천교에서 승용차로 10여분 달리면 삼거리. 왼쪽은 달우자수정광업소 가는 길이다. 오른쪽으로 방향을 잡아 쉬엄쉬엄 15분 정도 더 가면 다시 삼거리다. 역시 오른쪽이 금강소나무 숲으로 가는 길이다. 여기부터가 천연보호림 금강소나무 보호구역. 다른 산에서 보던 소나무와는 확연한 차이를 뽐내며 소나무들이 길 옆에 도열해있다. 쭉쭉 뻗은 기상이 예사롭지 않다.

특이한 볼거리는 황장봉계표석. 왕족의 관을 짤 양질의 소나무를 베어내지 못하도록 그 경계지역을 바위에 새겼다. 소광리 마을을 지나 1.5㎞ 정도 더 가면 풋말이 보인다.

한참을 가다보면 차단기가 삿갓재를 오르는 임도를 가로막고 있다. 소나무재선충을 예방하기위해 외지차량은 무조건 통제한다. 하긴 재선충이 이곳을 갉아먹는다고 생

금강소나무 숲에서 가장 오래된 금강송, 수령이 530년이다.

각하면 끔찍하다. 지난 2,000년 동해안의 산불이 삼척을 거쳐 하산할 때 산림공무원들이 불길을 막기 위해 사력을 다했던 곳 아니던가.

이곳부터 본격적인 금강소나무 숲이다. 소광리 금강소나무 숲은 면적이 1,610ha에 이른다. 이 넓은 지역에 평균수령 150년, 나무 키 평균 23m의 금강송이 빽빽하게 서 있다.

산림유전자원보호림으로 지정된 건 1982년. 2000년 제1회 아름다운 숲 전국대회에서는 '22세기를 위해 보존해야 할 아름다운 숲' 부문 대상을 수상하기도 했다. 울진군에서는 '울진금강송'이란 브랜드를 개발해 관광수입을 올리고 있다.

차단기가 내려져 있지 않더라도 여기서부터는 걷는 편이 낫다. 채 발걸음이 익숙해지기도 전에 수령 530년의 거송을 만난다. 이 숲에서 가장 오래된 금강소나무다. 역시 곧고 당당하다. 주위에 숲을 이룬 높이 20~30m의 금강소나무들을 거느리고 있다.

이곳에서 송림욕을 즐긴다는 생각은 사치다. 그저 장대한 소나무에 감탄할 뿐이

 황장봉계표석(黃腸封界標石) --

봉산(封山, 나라에서 일반인들이 나무 베는 것을 금지하기 위해 실시한 제도)의 경계를 표시한 표지석이다. 금강소나무 숲으로 가는 계곡 옆에 있는 바위에 새겼다.
황장봉산제도가 시작된 것은 조선 숙종 6년(1680). 황장목이 있는 지역을 '봉산(封山)'이라 지정하고 일반인들의 접근을 막았던 일종의 산림보호 정책이었다. 이 봉계표석은 자연석을 다듬지 않고 그대로 사용했다.
표석의 내용을 판독하면 황장목의 봉계 지역은 생달현, 안일왕산, 대리, 당성의 네 지역 주위를 경계로 했으며, 성(性)미상의 명길이란 산지기가 책임 관리한 것으로 기록되어 있다.

금강소나무 숲 제2관찰로로 가는 길.

금강소나무 전시실 안의 금강소나무 단면. 속도 붉다.

다. 이 금강소나무는 양팔을 벌려도 안지 못할 만큼 크다. 그래도 두팔을 벌려 안고서 쳐다봐야 제대로 볼 수 있다. 하늘을 향해 굽힘없이 쭉 뻗어 올라간 붉은 소나무 모습이 속 시원하다. 안면도의 홍송 숲, 소수서원의 노송 숲에서 느끼지 못하던 힘이 있다. 그래서일까. 숲길을 아무리 걸어도 피곤하지 않다.

　금강소나무 숲을 더 잘 보기 위해선 트레킹 삼아 임도를 따라 2㎞ 정도 더 올라가봐야 한다. 중간 중간 오솔길이 마련되어 있어 가만가만 숲을 감상하기에 그만이다. 위쪽에 관찰림이 하나 더 조성되어 있다. 잡목을 제거하고 간벌을 해 금강소나무를 제대로 내려다볼 수 있는 곳이다. 시간여유가 있으면 임도를 따라 삿갓재를 올라도 된다.

불영사계곡의 사랑바위

불영사계곡,
소광리계곡

불영사계곡은 국가지정 문화재 '명승 제6호'로 지정될 만큼 우리나라에서 가장 깊고 웅장하다. 근남면 행곡리에서 서면 하원리까지 15km로 기암괴석과 깊은 계곡, 푸른 물이 절경을 이룬다.

여름철에는 계곡 피서지로 유명하다. 7~8월에 한해 한시적으로 비지정 관광지로 수수료를 받고 운영한다. 봄, 가을은 드라이브코스로 좋다. 울진에서부터 봉화로 가는 36번 도로가 계곡을 따라가며 나 있다. 차를 세우고 싶을 만큼 경치가 좋은 두곳에 불영정과 선유정이라는 전망대를 마련해뒀다.

의상대, 창옥벽, 조계등, 부처바위, 중바위, 거북돌, 소라산 등도 전설이 얽혀 있는 절경지다. 계곡 중간쯤에 의상대사가 창건했다는 천년고찰 불영사가 있다.

불영계곡이 끝나가는 지점이 소광리계곡의 출발점이다. 불영사를 지나고 통고산자연휴양림 조금 못 미쳐 광천교를 지나면 오른쪽으로 소광 방면 917번 지방도가 있다. 이 길을 따라 소광리소나무 숲까지 계곡이 굽이굽이 이어져있다.

너무 맑아 손을 담그기조차 민망한 계곡물과 너럭바위도 일품. 아무 곳에서나 차를 세우면 그곳이 선경이다. 아래쪽의 불영계곡은 바위를 타고 흐르는 물길을 도로에서 내려다볼 수밖에 없다. 하지만 소광리계곡은 쉽게 다가설 수 있을 만큼 다정하다. 15개나 되는 잠수교를 건너 계곡을 가로지르는 재미도 만만찮다.

광천교 입구에서부터 약4km를 들어가면 작은 마을이 나타난다. 민박농가가 여러곳 된다. 여기서부터는 계곡물에 발 담그기가 민망할 정도로 물이 맑다. 금강소나무가 내뿜는 솔향기를 마시며 계곡에 앉으면 삼림욕까지 곁들이는 효과가 있다.

한가하게 흐르던 계곡은 마을을 지나고 산모퉁이를 돌아서면 급격하게 모습을 바꾼다. 우렁찬 소리에 놀라 고개를 들면 폭포가 쏟아지고 소를 이루기도 한다. 여름철 피서를 즐기기에 가장 좋은 지점은 광천교를 3㎞ 지난 지점에서부터 7㎞ 지점까지다. 이곳은 야영하기에도 적당하다.

울진의 숨은 계곡 소광리는 잘 알려지지 않아 아직 외지인들의 때를 덜 탔다. 간간이 금강소나무 숲을 찾는 차량들만 지나다닌다. 그만큼 깨끗하고 조용하다. 제발 개발이라는 이름으로 이 아름다움을 해치지 않기를 바랄 뿐이다.

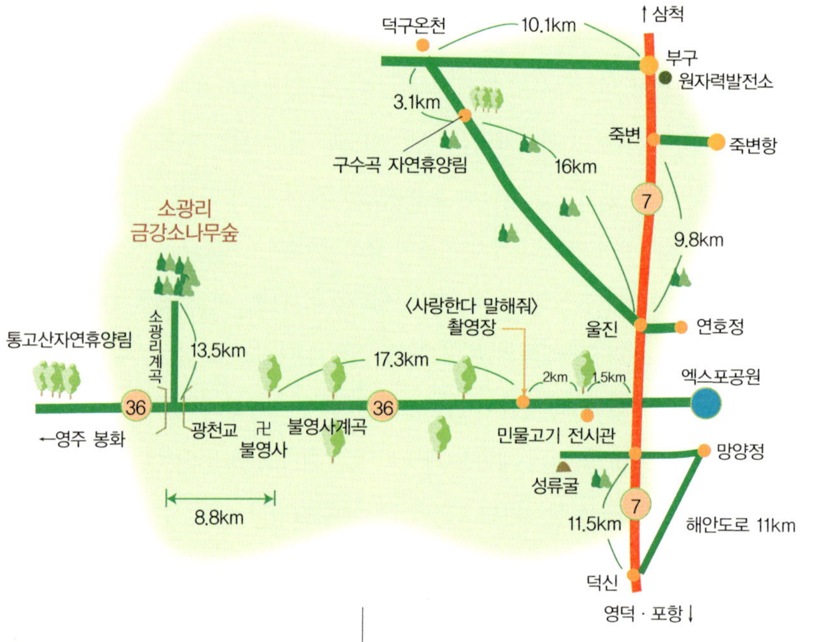

승용차_ 서울~원주(영동고속국도)~영주(중앙고속국도)~봉화(36번 국도)~울진. 서울에서 영동고속도로를 타고 강릉까지 간 다음 동해를 거쳐 7번 국도를 타고 울진으로 가도 된다. 4시간 정도 소요. 부산에선 경주~포항~영덕을 거쳐 울진으로 간다. 3시간 15분 소요.

울진에서는 불영사계곡(36번 국도)을 따라 봉화방면으로 달린다. 불영사를 지나고 울진군 서면 삼근리를 지나면 광천교가 있는 삼거리(울진에서 승용차로 30분). 오른쪽 917번 지방도가 소광리 금강소나무 숲 가는 길이다. 이곳서 13㎞. 차단기가 내려져있는 삿갓재 입구까지 승용차로 35분 정도 걸린다.

버스_ 동서울터미널에서 울진행 직행버스가 하루 12회 있다. 4시간 30분 소요. 울진읍에서 달우광업소 앞 소광분교(폐교)까지 버스가 하루 2회(08:05, 17:00) 운행. 50분 소요. 소광분교에서 울진읍으로 가는 버스도 2회(08:55,17:50) 있다.

안내전화

울진군청 문화관광과=054)785-6393.
통고산자연휴양림=054)782-9007.
울진 민물고기전시관=054)783-9413.

추천코스

영주 · 봉화 방면에서는 통고산자연휴양림-울진 금강소나무 숲-불영사(계곡)-〈사랑한다 말해줘〉 촬영지-민물고기전시관-왕피천엑스포공원-성류굴-죽변항〈폭풍속으로〉 세트장.

영덕 · 포항 방면에서는 후포항-향암미술관-백암온천(백암산)-월송정-해월헌-해안도로(촛대바위)-망양정(망양정해수욕장)-성류굴-왕피천엑스포공원-민물고기전시관-〈사랑한다 말해줘〉 촬영지-불영사(계곡)-울진 금강소나무 숲-통고산자연휴양림 순서가 좋다.

여기도!

민물고기생태체험관_ 불영계곡 입구 쪽의 민물고기전시관은 꼭 들러봐야 할 곳. 살아있는 토속 민물고기 50종과 민물고기 표본 200점, 사진으로 보는 우리 민물고기 55점이 전시되어 있다. 연어의 생활사와 물고기생태계 및 관련 상식 등 교육 자료도 준비되어 있다.

맛

죽변항에 가면 싱싱한 생선회를 맛볼 수 있다. 대게는 영덕에서 북쪽으로 갈수록 가격이 싸다. 죽변항에서는 갓 잡아 올린 울진대게를 쪄서 싸게 파는 식당이 여럿 있다.

불영사계곡 불영휴게소 식당의 산채비빔밥도 괜찮다.

잠

통고산자연휴양림은 콘도식 숲속의 집이다. 야영장과 오토캠핑장이 마련되어 있다. 숲속의 집 주말 5만원부터. 054)782-9007. 소광1리 마을에 민박집이 몇곳 있다.

007

가족 생태관찰에 딱!
포항 경상북도수목원

초록은? 초록은 봄의 색이다. 초록에서 자연을 느끼고 삶과 생명을 떠올린다. 희망이라는 긍정적인 이미지도 있다. 교통신호등에서 알 수 있듯이 안정감과 신뢰감을 느끼기도 한다. 특히 녹음이 짙어지기 전 초여름의 연초록은 사람들에게 편안한 느낌을 준다. 이때면 초록도 예쁘다는 걸 실감할 수 있다. 어디서? 포항의 경상북도수목원에서다.

도시락을 싸들고 제대로 된 생태여행을 떠나보자.
장소는 포항의 경상북도수목원. 아이들과 함께라면 더 좋다.
"이곳은 해발 600m로 고산식물원과 울릉도식물원은
다른 수목원에서는 결코 흉내를 내지 못할 만큼 특색이 있습니다."

도시락을 싸들고 제대로 된 생태여행을 떠나보자. 장소는 포항의 경상북도수목원. 아이들과 함께라면 더 좋다.

이곳이 왜 좋을까? 곰곰 따져본다. 포항에서 가깝지만 아직은 오지의 풍광을 보여줄 만큼 고지대이기 때문이다. 수목원은 동해안 바닷가 지역인 청하에서 포항 서쪽 내륙지역인 죽장면으로 넘어가는 고갯마루 샘재 꼭대기에 자리 잡고 있다.

"이곳은 해발 600m로 고산식물원과 울릉도식물원은 우리나라 다른 수목원에서는 결코 흉내를 내지 못할 만큼 특색이 있습니다."

황형우 경상북도수목원관리소장의 자랑이다.

사실이다. 모감주나무, 구상나무, 망개나무, 층층나무 등 고산식물과 금낭화, 매발톱꽃, 얼레지, 구리떼 등 자생 희귀수종. 이름만으로도 편안하고 정다운 식물들이 동양 최대면적의 수목원 곳곳에 심겨져 있다.

곳곳에 길을 낸 생태관찰 산책로를 따라 걷다보면 녹음과 숲의 향기, 바람소리에 점점 빠져든다. 시간여유가 있다면 창포, 물옥잠, 붓꽃 등이 반기는 연못주변을 거닐며 게으름을 피워도 좋다. 군데군데 잔디밭과 벤치가 있어 가족단위 여행에도 그만이다.

하긴 주변 풍광도 수목원에 비해 만만치 않다. 수목원 동쪽 산봉우리 전망대에 오르면 푸른 동해가 한눈에 들어온

경상북도수목원의 전시홍보실.

다. 멀리 강구항까지도 선명하다. 빽빽한 숲과 계곡, 바다. 이곳에서 둘러보는 경치는 그것만으로도 모자람이 없다.

그러나 굳이 전망대까지 갈 필요도 없다. 해발 600m 고산지대에서 내뿜는 상쾌함을 마시며 앙증맞은 야생화들을 감상하다보면 여름 한낮도 짧다고 느끼기 때문이다.

해설이 있는 수목원, 희귀수종과 야생화 탐사

수목원은 1996년부터 6년간 조성했다. 3천222ha의 면적에 1천510종의 식물이 심겨져있고 고산식물원, 방향식물원, 울릉도식물원, 관목원, 침엽수원 등 24개 소원으로 구분돼 있다. 지리적 위치에 맞게 고산식물원과 야생초화원, 습지원, 방향식물원 등 특수정원을 가꿔놓았다. 망개나무와 황벽나무, 금낭화, 복수초 등 자생 희귀수종을 볼 수 있다는 것도 매력이다.

아이들이 제일 좋아하는 곳은 창포원. 아홉 가지 종류의 창포와 수달래, 각종 수

 수목원에서는 꼭 해설을!

경상북도수목원에는 이름 모를 나무들과 꽃, 식물들이 너무 많다. 모르면 그냥 지나칠 수밖에 없다. 이 때문에 전문 숲 해설사의 도움을 꼭 받아야 한다.

수목원 방문 인원이 10인 이상일 때는 견학신청을 미리 하는 것이 좋다. 신청은 견학일 5일전까지. 특히 수목원의 식물에 대한 해설을 듣기 위해선 신청이 빠를수록 좋다. 당일 해설 요구가 많을 시에는 가장 빨리 신청한 곳에 우선순위를 부여하기 때문이다.

박재우씨 등 포항에서 활동하고 있는 (사)경북숲해설가협회 소속 숲해설가들도 실비로 수목원을 안내해준다. 문의=054)274-1939.

수목원에서 만난 우리 식물들

1. 금낭화.
2. 은방울꽃.
3. 붓꽃.
4. 매발톱꽃.
5. 노란창포와 부들.
6. 노란개불주머니.
7. 누리장나무.

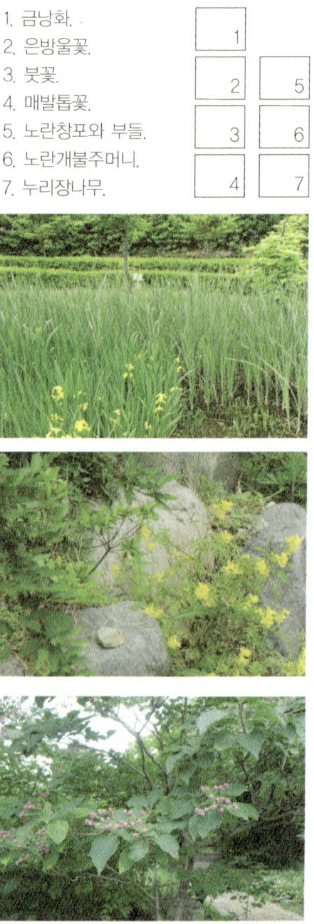

생식물이 있는 이곳은 산개구리 올챙이들이 떼로 몰려다니고 있어 생태체험학습지로 인기를 얻고 있다. 요즘도 주중에는 400~500명의 학생들이 체험학습을 위해 찾아온다.

그러나 나무 한 그루, 야생초 한 포기도 알고 봐야 느낌이 살아있다. 왜 희귀수종인지, 고약한 냄새를 뿜는 식물을 우리 조상들은 어떻게 활용해왔는지도 알고 나면 훨씬 더 재미있게 돌아볼 수 있다. 숲 해설이 필요한 이유다.

꼭 2년 전. 당시엔 수목원에 숲 해설을 해주는 사람이 없었다. 소풍가듯 수목원을 돌아봐도 밋밋했다. 그냥 경치 좋다고 느낄 뿐이었다. 이번엔 미리 수목원에다 숲 해설을 신청했다. 박재우(사단법인 경북숲해설가협회 이사)씨가 수목원 이곳저곳을 동행하며 상세하게 설명을 해줬다. 기대이상의 성과를 얻었다.

짚신에 향기가 묻어 백리를 간다고 해서 이름 붙인 섬백리향. 육지백리향은 나무처럼 꼿꼿하게 서지만 섬백리향은 땅바닥에 붙어서 옆으로 큰다는 것도 처음 알았다.

4월 중순 꽃이 피는 명자나무는 조선시대엔 집안에 심지를 않았다. 짧은 가지 끝에 한개 혹은 여러개 피는 꽃이 너무 아름다워 집안사람을 바람나게 한다는 이유였다.

누리장나무는 냄새가 고약해 옛날엔 화장실 앞에 심어 냄새를 중화시키기도 했다.

어성초란 잎에서 고기 비린내가 나기 때문에 붙여진 이름이다. 라일락은 이탈리아에선 '리라'라고 한다. 원래 꽃잎은 4개인데 5장의 꽃잎을 발견하면 사랑이 이루어진다는 속설이 있다. 박재우 숲해설가는 "잎은 굉장히 쓰지만 꽃향기는 좋다."며 사랑이란 게 원래 단맛도, 쓴맛도 있는 것이라고 설명하며 웃었다.

　연못인 창포원까지 돌아오면 비로소 수목원의 향기가 느껴진다. 인공적인 꾸밈이나 시설보다 이곳 특유의 자생식물들이 더 많아서다.

　수목원 주변에는 여러개의 등산로가 개발되어 있다. 수목원 뒤쪽 매봉(해발 816m)에서 능선을 따라 내연산 정상 향로봉(930m)까지 왕복 5~6시간의 산행도 좋다. 거리는 7.4㎞. 푸른 동해를 눈가에 달고 하는 산행이라 피곤을 느낄 겨를이 없다. 동편 전망대를 거쳐 삿갓봉(716m)을 돌아오는 코스는 1시간 거리.

기청산식물원,
하옥계곡

◆ 기청산식물원

경상북도수목원과는 또 다른 느낌의 식물원이 지척에 있다. 포항시 북구 청하면
에 있는 기청산식물원(www.key-chungsan.co.kr)이다. 자생식물들을 중심으로
약 1천450종류의 식물을 보유한 사설식물원이다.

울릉자생식물원, 수생식물원, 야생화원, 무궁화원, 약용식물원 등 주제별 전시
장이 독특하게 꾸며져 있다. 섬개야광나무, 큰연령초, 섬시호, 섬현삼, 깽깽이풀,
둥근잎꿩의비름, 연잎꿩의다리 등 정다운 이름의 지정종들도 많다.

기청산식물원 내의 연못.

기청산식물원은 우리나라 대개의 식물원들과 달리 평지에 들어서있다. 직접 자연을 느끼면서 관람할 수 있도록 인공적인 시설은 가능한 생략했다. 자생식물 위주의 전시를 고집하는 것도 특색이 있다. 울릉자생식물원에는 헛개나무 등 울릉도 식물을 중점적으로 증식하고 있다. 정식개장은 2008년 4월.

이곳 역시 해설가의 안내를 받는 것이 좋다. 오전 11시와 오후 2시, 오후 4시에 각각 1시간씩 무료로 가이드를 해준다. 10명 이상일 때는 따로 시간을 조정할 수 있다. 입장료 5천 원. 포항에서 7번국도로 영덕방향으로 가다가 청하로 들어간 다음 청하중학교를 끼고 우회전하면 식물원 입구가 보인다.

 우리나라 나무의 재미있는 이름들 ────────────────────────

재미있는 나무 이름들이 꽤 많다. 나무의 특징을 잘 살펴보면 짐작할 수 있는 이름들이다. 팔손이는 잎이 여덟 손가락이 달린 손모양이다. 층층나무는 나뭇가지가 층층을 이룬다고 해서, 화살나무는 가지중간에 화살처럼 날개를 달았다고 해서, 쥐똥나무는 까만색의 열매가 쥐똥과 흡사하다고 해서 붙은 이름이다.

나무의 특징을 표현하는 이름도 있다. 꽝꽝나무는 잎이 너무 두꺼워 불 속에 던져넣으면 꽝꽝 소리가 난다고 해서 그런 이름으로 불렀다. 물론 나무를 태울 때 자작자작 소리가 나는 건 자작나무다.

하옥계곡.

◆ 하옥계곡

하옥계곡의 매력은 있는 그대로의 자연이다. 여름 피서인파를 제외하고는 사람들의 발길이 거의 없는 편. 교통이 불편해 접근이 쉽지 않기 때문이다.

내연산수목원에서 상옥 방향으로 샘재를 내려간다. 상옥리에서 청송방면으로 조금 가다보면 오른쪽으로 하옥리 푯말이 있다. 영덕 옥계계곡과 연결되어 있으나 곳곳에 도로가 유실된 곳이 많아 승용차로는 곤란하다.

상옥리에서 약 3㎞를 가면 비포장 흙길이 나타난다. 이곳에서부터 하옥계곡의 절경이 시작되는 셈. 갑자기 산들이 수직의 높이로 다가선다. 비포장 길 아래로는 기암괴석과 맑은 물이 용틀임을 한다. 백두대간의 지맥인 동대산과 향로봉, 내연산수목원 뒤쪽 산인 삿갓봉과 매봉의 물줄기가 모두 이곳으로 흘러들기 때문이다. 계곡만으로 본다면 설악산이나 지리산의 어느 계곡에 온 듯한 착각이 들 정도다.

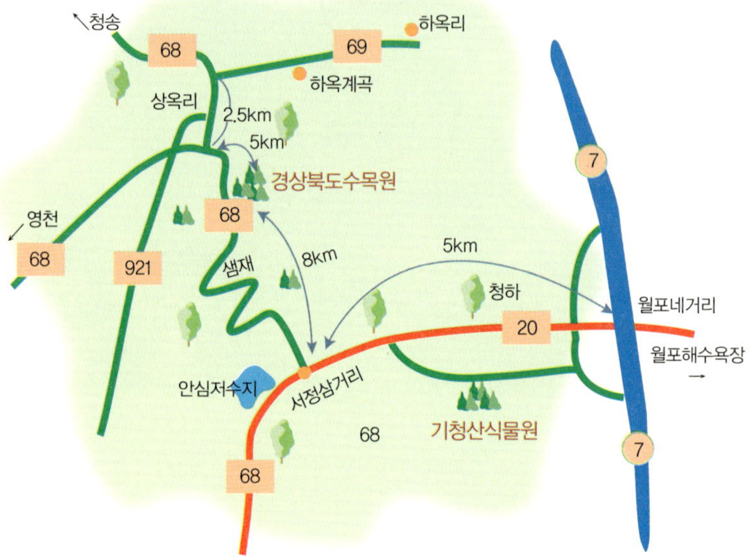

승용차_ 대구에선 대구—포항고속국도 서포항IC에서 내려 포항방향으로 2.1㎞를 가면 네거리다. 68번 도로를 따라 좌회전해서 신광·청하방향으로 내달린다. 오른쪽 흥해로 빠지는 길을 지나 계속 직진한다. 청하면소재지 가기 전에 68번 도로로 좌회전해서 들어간다. 90분 소요.

포항에선 영덕방향으로 7번 국도를 타고 가다가 월포 네거리에서 좌회전해서 청하면소재지를 지나면 오른쪽 68번 도로 방향으로 표지판이 있다. 40분 소요. 경주에서는 포항을 거쳐서 가야 한다. 60분 소요.

경상북도수목원에서 상옥리까지 5.5㎞를 내려오면 삼거리. 직진하면 기계·죽장 방향 69번 도로이고 오른쪽은 청송 · 부남 방향 68번 도로이다. 청송방향으로 우회전해서 2.5㎞를 가면 다시 삼거리. 하옥리로 가는 69번 도로를 따라 우회전한다. 이 삼거리서 하옥리까지는 5.2㎞. 하옥산장까지는 7.4㎞다.

버스_ 포항시외버스터미널→수목원 하루 3회(06:20, 10:45, 16:00), 수목원→포항시외버스터미널 하루 3회(08:20, 12:40, 18:10) 운행.

문의=054)251-7202(신안여객).

안내전화

경상북도수목원관리소=054)262-6110.

기청산식물원 교육 및 견학 문의=054)243-4129.

포항시 문화관광과=054)270-2243.

추천코스

되돌아가는 길이 7번 국도를 따라 강릉–서울로 가지 않고 대구방향이라면 죽장과 영천을 거쳐 한적한 시골길을 달리며 드라이브를 겸하면 더 좋다. 경상북도수목원–상옥리(68번 도로)를 거쳐 죽장–자양댐–영천(69번 도로)–대구로 코스를 잡으면 된다. 2시간가량 걸리지만 고속도로보다 싫증나지 않는다.

포항으로 나가는 길은 월포해수욕장까지 간 다음 해안도로를 따라가면 운치 있다.

맛

경상북도수목원과 하옥계곡 근처에는 별다른 음식점이 없다.

하옥계곡에 있는 하옥산장(054–262–7885~6)에서 내놓는 오리바베큐가 먹을 만하다. 한방소스와 무소스 등 3가지 다른 맛의 소스에 찍어먹는 오리고기 맛이 특별하다. 전병이나 3년 묵은 백김치

에 쌈을 해서 먹기도 한다. 사전 전화예약 만으로 손님을 받는다.

기청산식물원 근처의 비학산 생칼국수(054–261–7300)는 늘 손님이 많은 곳이다. 굵은 칼국수 면발에 조개가 많이 들어가 유명해졌다. 큼직한 김치와 깍두기가 시원하다. 가격은 4천원.

008

생명이 숨쉰다, 창녕 우포늪

하엽색(荷葉色)은?

'연꽃 하'와 '잎사귀 엽'으로 연잎을 상징하는 색이다. 단청에 많이 쓰인다. 여름에 창녕 우포늪을 찾으면 하엽색 세상을 볼 수 있다. 우포늪의 대표적인 풍경 중 하나인 목포늪의 버드나무 군락지. 물속에 뿌리를 박고 있는 버드나무 아래는 개구리밥을 비롯해 온갖 수생식물들로 수면을 보기 어려울 정도다. 하엽색 세상이다.

우포늪은 보는 시간에 따라 다른 느낌과 풍경을 보여준다.
새벽 어스름의 우포늪은 시끄럽다. 어둠이 막 걷힌 우포는 산뜻하다.
아침에 보는 우포는 시원하다. 해지기 전이면 황홀하다.

우포늪의 아침. 물안개는 늦가을이 제철이다.

아직 어둠이 깔린 이른 새벽. 우포늪을 찾았다. 자우룩하게 피어오르는 물안개와 그 속으로 장대나룻배를 밀고 가는 어부의 모습. 사진 속에서 보아오던 한폭의 수묵화를 기대하고 밤잠을 설쳐가며 달려왔다.

늪은 아직 완전한 모습을 드러내지 않고 있다. 희뿌옇기만 한 시야. 물안개다! 하지만 어슴푸레한 새벽 풍경이 물안개 대신 어둠 때문이란 건 금세 드러난다. 아쉽다. 하긴 물안개는 밤낮의 기온차가 심한 초봄이나 늦가을이 제철이다. 내 욕심만 앞세워 계절도 생각 않고 찾아왔는데 늪인들 쉬 그런 풍경을 보여줄 리 없다.

우포늪은 보는 시간에 따라 다른 느낌과 풍경을 보여준다.

새벽 어스름의 우포늪은 시끄럽다. 자욱한 물안개 대신 무당개구리들의 울음소리만 가득하다. 중간 중간 황소개구리가 뱃고동 소리 같은 저음으로 장단을 맞춘다. 시끄럽지만 소음으로 들리지 않는 게 신기할 따름. 우포의 새벽은 그렇게 개구리들이 맞는다.

어둠이 막 걷힌 우포는 산뜻하다. 수면마저 수생식물들이 만들어낸 초록카펫에 점령당했다. 생이가래, 마름, 자라풀, 개구리밥, 억새, 부들 등 친근한 이름들이 가득하다. 귀하지만 가시연꽃도 한 자리를 차지했다. 완연한 초록세상. 이 정도면 초록으로 가슴을 물들이기엔 충분하다.

아침에 보는 우포는 시원하다. 늪 자체가 아주 넓기 때문이다. 꽉 짜진 일상 속에서 좀 쉬었다 갔으면 싶을 때 찾으면 좋다. 막힌 가슴을 탁 틔워준다.

해지기 전이면 황홀하다. 수면 위를 비추는 햇살과 보금자리를 찾아가기 바쁜 긴 다리를 가진 새들, 늪 안과 밖에 지천으로 피어있는 야생화들 때문이다.

 ## 우포늪은 언제 어떻게 만들어졌을까?

우포늪의 생성에 관해서는 두가지 설이 있다.
첫번째는 약 1억4천만년 전에 만들어 졌다는 설이다. 우포늪 주변의 퇴적암에서 약 1억1천~1억2천만년 전에 살았던 공룡의 발자국 화석과 곤충 화석이 발견되었기 때문이다.
두번째는 B.C. 4천년 경에 우포늪이 만들어 졌다는 설이다. 기원전 4천년 경 지구의 기온이 따뜻해지면서 빙하가 녹기 시작했다. 낙동강의 물이 범람하자 이때 실려 온 모래와 흙이 지금의 토평천 입구를 막게 되고, 이 때문에 커다란 호수가 만들어지게 됐다. 이렇게 만들어진 호수가 세월이 흐르면서 지금의 우포늪이 됐다고 한다.

우포늪에서 만나는 생명들

1. 우포늪의 오리떼.
2. 가시연.
3. 늪체험장.
4. 내버들 군락지

둘러보자! 생태학습의 보고

우포늪은 국내 최대의 내륙습지다. 우포늪과 목포늪, 사지포, 쪽지벌 등 네개의 습지로 이루어져 있다. 제일 넓은 면적을 차지하고 있는 것이 우포다. 목포는 왕버들 군락지이자 일출이 아름답고 쪽지벌은 크기가 제일 작다.

아쉬운 건 그간 농경지 개간사업으로 예전의 광활한 모습을 대부분 잃었다는 사실이다. 1997년 생태계보전지역으로 지정되기 전에 비해 지금은 3분의 1 크기밖에 남지 않았다. 그래도 어마어마한 크기다.

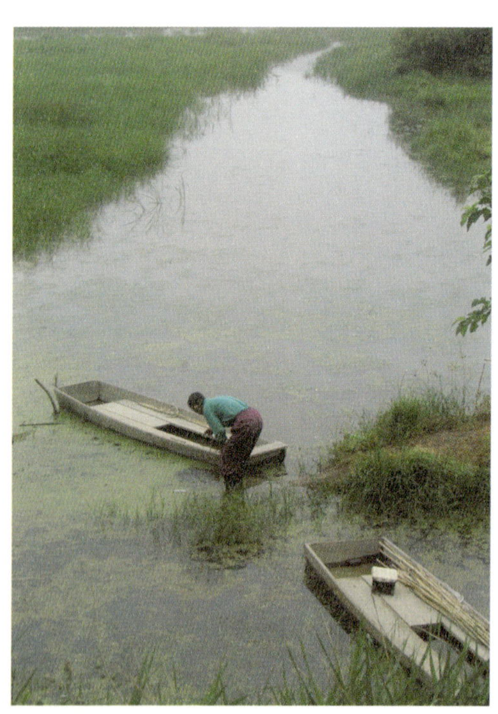

소목마을 선착장.

우포늪은 생태계의 보고다. 낙동강의 범람으로 다른 지역에서는 구경하기 힘든 이곳만의 독특한 생태계를 이뤘다. 400종이 넘는 식물과 50여종의 수생곤충이 살고 있다. 물속에서 사는 어류도 30여종에 달한다. 우포늪에서 볼 수 있는 새는 대략 145종.

여름이면 부들, 창포, 갈대, 줄, 올방개, 붕어마름, 벗풀, 가시연꽃, 개구리밥 등이 온통 녹색으로 늪지를 뒤덮고 있다. 세진리 쪽의 전망대에 올라 내려

물이 빠져 배를 놀리고있는 소목마을 선착장의 새벽.

다보면 녹색융단의 장관을 감상할 수 있다.

　가장 기억에 오래 남는 풍경은 내버들 군락지. 늪에 반쯤 밑둥을 담그고 있는 나무들이 태고의 원시 분위기를 자아낸다. 가지 밑 수면은 개구리밥이 온통 뒤덮고

 우포늪 관찰 코멘트

1. 우포를 더 잘 보기 위해서는 인근에 차를 두고 걸어 다니는 것이 좋다.
2. 새를 관찰할 때는 배율이 7~9배인 쌍안경과 조류도감을 준비하면 큰 도움이 된다.
3. 꽃 이름 하나라도 알려고 관심을 가지면 우포 가는 길이 더 즐겁다.
4. 〈우포늪 가는 길(강병국, 동학사)〉 등 관련 책을 읽고, 가지고 가면 자녀들의 생태학습에 큰 도움이 된다.
5. 어려운 걸음을 한 김에 디지털카메라로 멋진 사진 한 장을 건져보자.
새벽안개는 신비스런 작품을 건질 수 있는 포인트. 반드시 해뜨기 전에 촬영해야 한다. 삼각대에 카메라를 고정시킨 뒤 셔터우선식(S 모드)에서 4~8초의 슬로우셔터로 촬영하면(조리개는 자동으로 동조됨) 물안개가 피어오르는 과정이 중첩되게 찍혀 환상적인 사진이 된다.

있다.

소목마을은 이곳을 터전으로 살아가는 사람들의 모습을 볼 수 있다. 이 마을 주민들은 장대로 밀고 나가는 나룻배를 직접 만들어 고기를 잡는다. 자욱한 물안개가 피어오르는 늪지대에서 어부가 나무 쪽배를 대나무 장대로 밀고 고기잡이에 나서는 풍경은 환상적이다. 많은 사진작가들이 이 모습을 촬영하기 위해 새벽같이 찾아오는 곳이다.

물안개는 일교차가 심할수록 많아지는데 초봄과 늦가을이 제철이다. 갈수기에는 물고기가 잡히지 않아 장대나룻배를 놀리는 경우가 많다. 대낮보다는 새벽이나 저녁 무렵이 우포 풍경을 보기에는 더 낫다. 환상적인 풍경을 위해서라면 시기를 잘 골라야 한다.

112

우포생태학습원,
우포자연학습원

우포늪을 찾는 사람은 연중 30만명. 그중 전문가이드의 안내를 받는 비율은 10%다. 이 10%를 제외한 27만명은 우포를 찾았다가 대개 실망을 안고 돌아간다. 이들은 "우포늪엔 도무지 볼만한 게 없더라."는 푸념을 해댄다.

하지만 우포늪은 철저한 준비를 하고 찾는 사람들에게만 제 모습을 드러낸다. 전문가이드의 안내를 받거나 생태교육프로그램에 꼭 참여해본 후 우포늪을 둘러보라고 권하는 이유다.

우포늪에 관해 생태교육과 해설을 해주는 단체는 현재 우포생태학습원

(www.woopoi.com 경남 창녕군 유어면 대대리 387번지)과 푸른우포사람들
(www.woopoman.co.kr 경남 창녕군 이방면 안리 1390-1) 두곳이다.

우포생태학습원은 전국에서 우포늪을 찾아오는 학생들과 일반인들을 대상으로 다양한 환경교육을 펼쳐오고 있는 습지생태계전문교육기관이다. 창녕환경운동연합 부설로 운영해오던 것을 2005년 녹색경남21추진협의회에서 이어받았다.

대표적인 프로그램은 여름 생태체험교육과 겨울 철새탐조교육, 체험프로그램 등. 단체위주로 교육을 하다 보니 사전예약이 필요하다. 여름 생태체험교육은 1시간 시청각교육과 2시간 현장생태교육으로 짜여져 있다. 주로 우포늪에 살고 있는 수생식물과 수서곤충을 관찰한다. 겨울 철새탐조교육 역시 시청각교육 1시간과 2

우포생태학습원.

시간 현장 철새탐조 시간을 준다. 우포늪의 대표 철새인 큰부리큰기러기의 월동 상태를 지켜볼 수 있다.

1인당 2천~5천원이면 짚풀 공예, 천연염색, 비누 장승공예, 솟대 나무공예, 나무목걸이 제작 등 다양한 체험프로그램에도 참가할 수 있다.

우포자연학습원은 우포늪지킴이인 (사)푸른우포사람들이 운영한다. 생태학습관과 수생식물 관찰원, 늪 체험장, 수목 관찰원 등을 갖추고 있다. 봄과 여름의 학습 프로그램 중에는 장대나룻배를 타고 다니며 늪이 어떤 곳인지 직접 체험해볼 수 있는 것도 있다. 붕어와 미꾸라지, 논우렁이 잡기는 잊지 못할 추억이 될 만하다. 당일 2시간 교육과 당일 4시간 교육이 있다. 교육비는 단체의 경우 1인 4천원. 가족단위는 1인 5천원.

우포생태학습원은 세진리 주차장 가기 전 오른쪽에 있다. 우포자연학습원은 소목마을을 찾으면 이정표가 있다.

 람사협약

정식명칭은 '물새 서식지로서 특히 국제적으로 중요한 습지에 관한 협약(the convention on wetlands of international importance especially as waterfowl habitat)' 으로 1971년 2월 2일 이란의 람사(ramsar)에서 채택됐다. 물새가 서식하는 습지를 국제적으로 보호하기 위한 협약이다. 발효된 시기는 1975년 12월. 우리나라는 1997년 7월 28일 101번째로 가입했다.
협약 가입 때 한곳 이상의 습지를 람사습지 목록에 등재하도록 하고 있는데 우리나라는106ha 크기의 강원도 양구군 비무장지대(DMZ) 안에 위치한 고층습원인 대암산 용늪을 신청해 지정되었다.
우포늪은 1998년 시민단체의 노력으로 람사습지로 등록됐다.

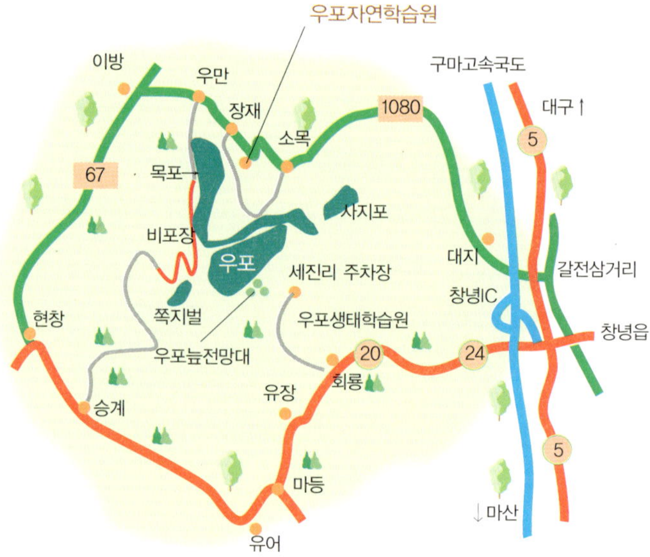

창녕우포늪 가는길

승용차_ 일단 중간 기점을 대구로 잡는 것이 편하다. 경부고속국도라면 대구 금호JC를 거쳐 서대구IC로 빠져나온다. 계속 직진해서 10분 정도 가면 화원IC다. 이곳서 구마고속국도를 타고 현풍을 거쳐 창녕IC에서 내리면 된다. 부산에선 구포IC~남해고속국도~창원JC~마산외곽고속국도~칠원JC~구마고속국도~창녕IC.

[창녕IC→우포늪]

늪이 워낙 넓다보니 세진리주차장과 소목마을 방향으로 나뉜다. 구마고속국도 창녕IC를 빠져나오면 삼거리. 오른쪽은 '유어방면 우포늪'으로 우포늪 전망대가 있는 세진리 주차장 쪽이다. 9㎞. 왼쪽은 '이방방면 우포늪'으로 13㎞.

소목마을을 가기위해선 창녕시내 쪽으로 좌회전해야 한다. 좌회전해 1㎞ 정도 가면 창녕읍 네거리. 우포늪 소목마을은 대구·현풍방면 1080번 도로를 따라 좌회전이다. 좌회전 한 후 900m를 더 가면 갈전삼거리. 이방·대지 방면으로 다시 좌회전한다. 이곳에서 1080번 지방도를 따라 8.7㎞를 가면 소목마을이다.

사지포늪인 주매마을을 지나면 소목마을 간이버스정류장이다. '푸른 우포 사람들 우포자연학습원'이란 이정표가 있다. 우포늪은 이곳서 좌회전해서 0.6㎞ 더 들어간다. 우포늪 방향으로 좌회전 않고 직진해 고개하나를 넘으면 장재마을이고 다음은 우만마을이다.

시내버스_ 세진리주차장으로 가는 유어·적교 방향(20분 소요)은 40분 정도의 간격으로 버스가 있다. 소목마을 쪽은 대지·이방으로 가는 버스를 타면 된다. 30분 소요. 1시간 간격으로 있다.

안내전화

우포생태학습원=055-532-7856.

푸른우포사람들=055-532-8989.

창녕군청 우포늪안내소=055)530-2161.

창녕 시내버스=055)533-1764(영신버스).

추천코스

먼저 창녕에서 1080번 지방도를 따라 소목마을로 향한다. 마을입구 '우포자연학습원' 이정표를 따라 좌회전하면 우포늪 제방을 지나 소목마을에 도착한다. 마을을 지나면 우포자연학습원.

장재마을까지 가면 다시 만나는 1080번 도로를 따라 우만마을까지 간 다음 이곳서 좌회전하면 목포늪이다. 늪을 따라 조금 가면 비포장 도로. 그러나 늪을 느끼기엔 이만한 곳이 없다.

쪽지벌을 지나면 승계에서 20번 국도와 만나고 좌회전하면 창녕방향이다. 유어를 지나 마등에서 다시 좌회전, 회룡까지 가면 우포늪 전망대가 있는 세진리주차장으로 갈 수 있다. 바로 옆은 우포생태학습원이다.

맛

우포늪 주변엔 붕어찜과 매운탕을 내놓는 식당이 많다.

소목마을 가기 전의 주매마을에 '우포붕어찜'(055-532-2088) 식당이 있다. 도로변에 있는 이 식당엔 늘 사람들이 붐빈다. 사지포에서 잡은 붕어만을 사용한다. 시래기와 무, 감자를 깔고 그 위에 붕어를 얹은 다음 가마솥에서 5시간을 푹 고와 낸다. 살만 발라먹는 붕어찜과 뼈째 먹는 붕어찜 두 종류가 있다. 육질이 쫄깃쫄깃한 게 특징. 비린내가 없는 붕어곰탕도 별미다. 값은 1인당 1만원 정도.

느낌이 있는 풍경

모락모락 피어나는 물안개 속으로
쪽배 하나가 스르르 밀려들어오면
우포늪의 시간은 그대로 수면 밑으로 가라앉는다.

늪과 식물, 늪과 철새, 그리고 늪과 사람.
우포늪에서는 모두가 동등하다.
그래서 그들은 서로의 생명을 기꺼이 인정한다.

바람이 수면에 미끄러진다. 작은 파문, 속살거리던 늪의 생명들이 순간 긴장한다. 그러나 바람이 지나간 자리를 보듬는 고운 햇살에 이내 몰아 쉰 숨을 살포시 풀어 놓는다. 햇살이 닿은 자리마다 고운 빛깔이 드러나며 이제 늪은 기분 좋은 기지개를 켠다. 꼭꼭 여며 놓았던 가슴을 시원하게 펼친다.
생이 움트고 삶이 움틀 대는 소리들로 가득하지만 결코 잔잔한 고요를 잃지 않는 곳, 시공간의 장대함으로 자연을 한껏 끌어안은 그곳에 아직도 신의 숨결 깊게 배어 있다. 그 속에 담겨진 원시의 자연을 긷는다.

쪽빛 하늘위에 걸린 구름 한 조각 속에서 자연의 경이로움이 배어나온다. 종달새의 울음 소리와 맑은 물 속 물고기 한 마리의 움직임에서는 자연의 섬세함이 흘러나온다. 눈 덮인 산꼭대기에서 떠오르는 태양의 눈부심 속에서는 자연의 신비로움이 뛰쳐나온다. 자연이 빚어내는 황홀함 앞에서는 소리조차 나오지 않는다.

황홀경

아홉. **설백색(雪白色)/순수**
—귀로 느끼는 겨울, 김천 수도산

열. **백옥색/상쾌**
—어느새 바다를 닮는다, 해운대~울산 해안도로

열하나. **담청색/흥미**
—다도해에 피어난 연꽃봉오리, 통영 연화도

열둘. **보라/대담**
—산에서 보내는 한해, 영천 보현산 일몰

009

귀로 느끼는 겨울, 김천 수도산

설백색(雪白色)은?

설백색은 눈의 빛깔과 같은 백설기의 색이다. 백설기는 보통 어린 아이의 삼칠일이나 백일, 돌 등에 쓰이는 떡이다. 그만큼 티 없이 깨끗하고 신성하다. 겨울꽃이라는 얼음꽃(빙화)과 서리꽃(상고대), 눈꽃(설화). 2월 김천 수도산을 찾으면 이렇듯 순수한 설백색을 만끽할 수 있다. 설백색의 이미지는 바람 따라 부딪치는 얼음꽃의 소리까지 맑게 한다.

얼음을 매단 나뭇가지들이 바람에 흔들릴 때마다 쨍그랑쨍그랑 소리를 낸다.
청아하다. 털썩 눈 위에 주저앉아 가만히 소리에 빠져든다.
큰 나무에 주렁주렁 매달린 굵은 얼음들이 내는 소리는 투박하다.
그것은 쨍그랑거리는 잔가지의 맑은 소리와 묘한 화음을 만들어낸다.

눈꽃과 서리꽃이 어우러진 길.

얼음꽃을 주렁주렁 달고 있는 나무.

2월 중순. 봄 마중으로 서서히 마음이 급해질 때다. 거제 지심도의 동백이 한창일 텐데……. 순천 금둔사의 홍매화는 언제쯤 꽃망울을 터뜨릴까? 그래, 아무리 급한 마음이래도 봄 마중보다는 겨울 배웅이 먼저일 테다. 이럴 때는 김천시 증산면의 수도산(1천317m) 눈 산행이 제일이다. 눈꽃과 서리꽃, 그리고 얼음꽃까지 활짝 피워놓기 때문이다.

김천 수도산은 2월이라도 여전히 바람 끝이 매섭다. 하지만 바람이 살아있을수록 겨울꽃은 더 아름다울 터. 산 중턱부터 정상까지 빙화와 상고대, 설화가 겨울의 마지막 아름다움을 자랑한다.

세 가지 겨울꽃 중 압권은 제일 먼저 보게

되는 빙화. 낮 동안 눈꽃이 녹아 나뭇가지를 타고 흘러내리다 밤새 투명하게 얼어

붙은 것이 빙화다. 잔가지 하나하나마다 투명얼음을 달고 아침햇살에 반짝인다.

바람이라도 불면 햇살은 산산이 흩어진다. 황홀한 빛의 분산이다.

빙화는 귀로 들어야 제맛이다. 얼음을 매단 나뭇가지들이 바람에 흔들릴 때마다

쨍그랑쨍그랑 소리를 낸다. 청아하다. 중모리 장단이던 이 소리는 조금 더 산을 오

르면 이내 칼바람을 타고 휘모리장단으로 변한다. 서로 부딪친 얼음조각들이 우박

처럼 쏟아진다. 털썩 눈 위에 주저앉아 가만히 소리에 빠져든다. 큰 나무에 주렁주

렁 매달린 굵은 얼음들이 내는 소리는 투박하다. 그렇지만 쨍그랑거리는 잔가지의

맑은 소리와 묘한 화음을 만들어낸다.

산 위로 오를수록 빙화는 줄어들고 대신 상고대와 설화가 반긴다. 둘의 구분은

애매하다. 그래도 아쉬울 것은 없다. 빙화를 귀로 느끼듯 설화와 상고대는 눈으로

느끼면 될 터이다.

겨울의 끝자락, 수도산은 이렇게 마지막 하얀 몸부림으로 봄이 오는 걸 막을 심

산이다.

 설화, 상고대, 빙화 ____

겨울꽃은 눈꽃으로 부르는 설화(雪花)와 서리꽃인 상고대, 얼음꽃인 빙화(氷花) 등 세 가지다.
설화는 눈이 내려 나뭇가지에 소복이 쌓인 그 자체를 말한다. 눈이 오면 산 속이 아니더라도 볼 수 있다.
상고대는 밤사이 기온이 급격하게 낮아지면서 안개와 공기 중의 수분이 나뭇가지에 산호처럼 얼어붙는 현상이다. 처
음엔 산호초처럼 나뭇가지에 달라붙어 있다가 차츰 바람이 부는 방향으로 날을 세워나간다.
빙화는 설화와 상고대가 낮 동안 햇살에 녹아내리다가 밤이 되어 기온이 떨어지면서 얼어붙은 것으로 설화나 상고대
와는 달리 겨울 내내 산행을 해도 보기 어렵다. 제대로 된 빙화를 보려면 낮 동안 눈이 녹는 1월말에서 2월 사이가
제철이다.

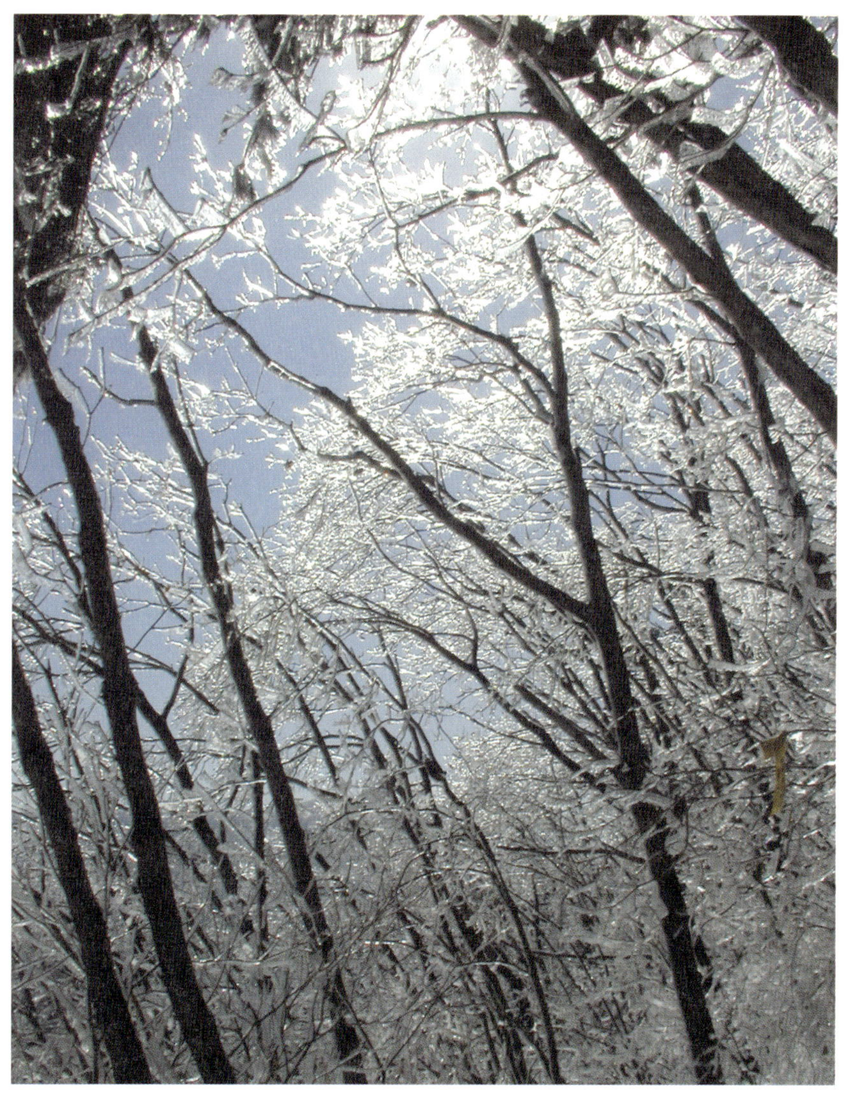

빙화, 바람에 흔들리며 나는 소리가 청아하다.

겨울 수도산 산행

왜 겨울산행일까. 겨울산은 다가가지 않고는 묘미를 알 수 없기 때문이다. 그렇다면 왜 하필 김천의 수도산인가.

그 이유는 빙화. 설화는 흔하지만 빙화는 어디서나 볼 수 있는 것이 아니다. 수도산은 겨울꽃을 피우는데 가장 적당한 높이다. 낮밤으로 나뭇가지의 눈이 녹았다 얼었다 할 만큼 너무 높지도 낮지도 않다. 밤이면 녹아내리던 물기를 얼릴 만큼 세찬 바람도 필수. 얼음조각들을 매달 잔가지가 많은 나무들이 터널을 이룰 만큼 너무 크지 않다는 것도 한 이유다.

수도산 겨울꽃 산행에 딱 좋은 때는 2월. 날이 너무 추우면 낮에도 나뭇가지에 쌓인 눈이 녹지 않기 때문에 설화는 볼 수 있어도 빙화는 볼 수 없다. 그래서 2월, 비나 눈이 내리고 난 이틀 후가 제일 좋다.

수도산 산행 들머리는 청암사 입구에서 왼쪽 방향이다. 청암사에서 눈길을 헤치고 오르기를 한시간여. 드디어 능선이다. 앞서가던 사람들이 감탄사를 쏟아낸다. 고개를 들자 상상

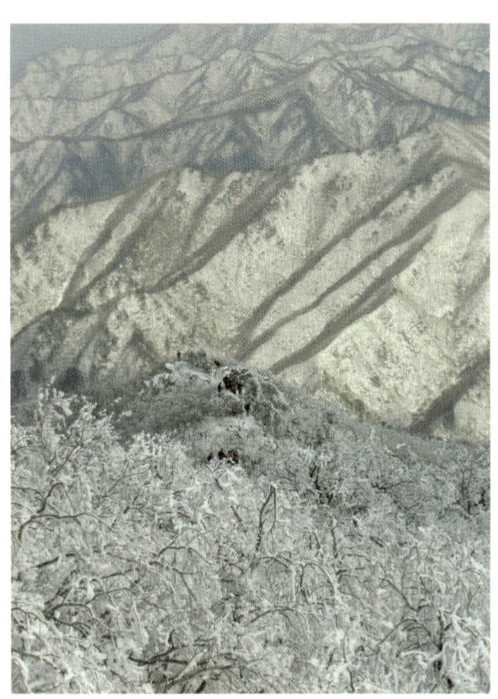

탄성이 절로 나는 겨울산의 능선.

하지도 못한 풍경에 눈이 휘둥그레진다.

온 나무들이 크리스마스 장식을 한 가로수처럼 햇빛에 반짝인다. 눈이 부셔 쳐다보지도 못할 정도. 가만히 들여다보면 나뭇가지마다 얼음을 달고 있다. 빙화다. 설화나 상고대가 낮에 녹아서 흘러내리다 추운 밤에 나뭇가지에 그대로 얼어붙었다.

이곳에서 정상으로 오를수록 상고대와 설화까지 합세해 겨울꽃 잔치는 절정을 이룬다. 마침 맑게 갠 파란 하늘과 흰 눈, 반짝이는 얼음이 환상적인 그림을 만들어낸다.

여기서부터는 정체구간이다. 경치가 괜찮고 전망이 좋은 곳은 어김없이 사진을 찍느라 야단이다. 아예 늦을 작정을 하고 빙화가 좋은 나무 아래에서 점심도시락을 먹는 것도 한 방법이다. 쨍그랑거리는 소리를 원 없이 들을 수 있다.

빙화지역을 벗어나면 설화와 상고대지역이다. 설화는 바람의 세기와 기온에 따라 모양도 다르다. 정상이 가까워질수록 더 소담스럽다.

세시간여 만에 오른 수도산 정상은 설국이다. 나무들이 온통 눈을 쓰고 있다. 사방 어디를 둘러봐도 흰 세상일 뿐. 멀리 가야산을 비롯해 능선 따라 순백의 세상이 펼쳐져 있다.

단지봉으로 가려면 정상에서 20여m를 도로 내려와 오른쪽으로 길을 잡아야한다. 10여m 높이의 비탈을 오르면 수도산 정상이 눈앞에 펼쳐진다. 정상에서 이쪽을 보던 풍경과는 또 다른 맛이다.

아홉사리재를 거쳐 수도리로 내려오는 길에서도 한참동안 설화, 상고대, 빙화들의 잔치는 계속된다. 다만 오후 들면서 빙화도 많이 녹아내렸다. 수도산 정상에서 오르던 길을 되돌아가 절고개에서 수도암을 거쳐 수도리로 하산해도 된다.

하산하는 길에 올려다 본 수도산 정상.

산행코스는 청암사-지장대-갈림길-삭다리재-1070봉-절고개-수도산 정상-아홉사리재-수도리. 산행거리 9.5㎞. 점심시간 제외 순수산행 시간은 5시간 정도다.

청암사, 수도암

청암사는 대한불교조계종 제8교구 본사인 김천 직지사의 말사로 신라 헌안왕 (858년) 때 도선국사가 창건했다. 경북 김천과 경남 거창의 경계에 우뚝 솟은 수도산(불령산, 1317m) 자락에 자리 잡았다.

비구니 강원(승가대학)으로 매일 예비 비구니스님들의 경전공부와 울력(농번기의 봉사적 노동협동)이 이뤄지는 곳이기도 하다. 현재 140여명이 경전공부와 수행에 나서고 있다.

청암사는 여느 사찰과 달리 일반 가정집 분위기가 물씬 풍긴다. 대웅전 옆의 육화료와 극락전 등은 여느 대감집과 비슷하다.

이 사찰은 역사적으로도 '여인'들과 인연이 깊었다. 청암사 입구 바위엔 '최송설당'이란 글씨가 뚜렷하다. 최송설당은 김천 출신으로 조선말의 상궁. 고종과 엄비 사이에서 태어난 영친왕의 유모이기도 했다. 그는 고종의 정비인 민비와의 조선말 왕실갈등 속에서도 영친왕을 잘 돌본 공로로 고종의 총애를 받으며 많은 금품을 하사받았다. 그 돈으로 두 차례에 걸친 청암사 보수도 끝낼 수 있었다.

숙종의 둘째 왕비인 인현왕후의 흔적도 남아 있다. 경종의 생모 희빈장씨의 질투로 폐위되었던 인현왕후가 복위를 기다리며 기거했던 곳이 극락전 안의 별채 보광전이다. 이 같은 인연으로 청암사는 조선 말기까지 왕실의 후원을 받기도 했다.

청암사의 부속암자인 수도암은 수도산 정상부근에 있다. 통일신라 때 도선국사가 창건했다. 청암사와 갈라지는 곳에서 수도산 쪽으로 7.2km의 산길을 더 가야 한다.

세 개의 보물급 문화재가 볼거리다.

대적광전 안에는 보물 제307호인 석조비로자나 불좌상이 모셔져있다. 경주 석굴암 불상보다 80cm 정도 작지만 위엄이 있다. 어깨도 당당한 편.

청암사 대웅전.

130

수도암 약광전 앞의 삼층석탑.

대신 석굴암 불상보다 조금 더 투박하다.

약광전에는 보물 제296호인 약사여래로 보이는 석불좌상이 있다. 사각형에 가까운 얼굴에 눈과 코는 가늘고 입술은 두툼하다. 천년의 세월에 이목구비는 흐릿하지만 인자한 미소를 띠고 있다. 직지사 삼성암, 금오산 약사암의 약사여래와 함께 삼형제불로 전해온다.

보물 제297호인 수도암삼층석탑은 대적광전을 중심으로 동서쪽에 있는 쌍탑이다. 앞뜰이 좁아 법당과 탑 사이의 거리가 가까운 것이 특징. 대적광전 앞의 서탑이 조금 더 크다. 신라 헌안왕 3년(859년) 도선국사가 조성했다.

 수도암 주변 300m 이내에는 칡이 없다?

수도암을 조성할 때의 일이다. 산 너머 거창 부처골에서 석조비로자나불좌상을 완성했다. 하지만 수도암까지 옮길 일이 막막했다. 이때 수염과 머리가 온통 하얀 노스님이 나타나 그 큰 석불을 등에 업고 나는 듯이 산을 넘어갔다. 수도암 근처, 지금의 아홉사리재 근처에 이르렀을 때다. 칡덩굴에 걸려 넘어질 뻔한 노스님은 수도산 산신들을 불러 놓고는 "부처님을 모시는데 칡덩굴 때문에 그르칠 수 있느냐. 다시는 이 절 주위에 칡이 자라지 못하게 하라."고 호령하고는 부처님을 수도암까지 모셔놓고 사라졌다. 그 후로 울창한 산림 속에서도 수도암 주변 300m 내에서는 칡이 없다. 하지만 산등성이만 넘으면 얽히고설킨 칡 때문에 사람이 다니지 못할 정도로 무성하다.

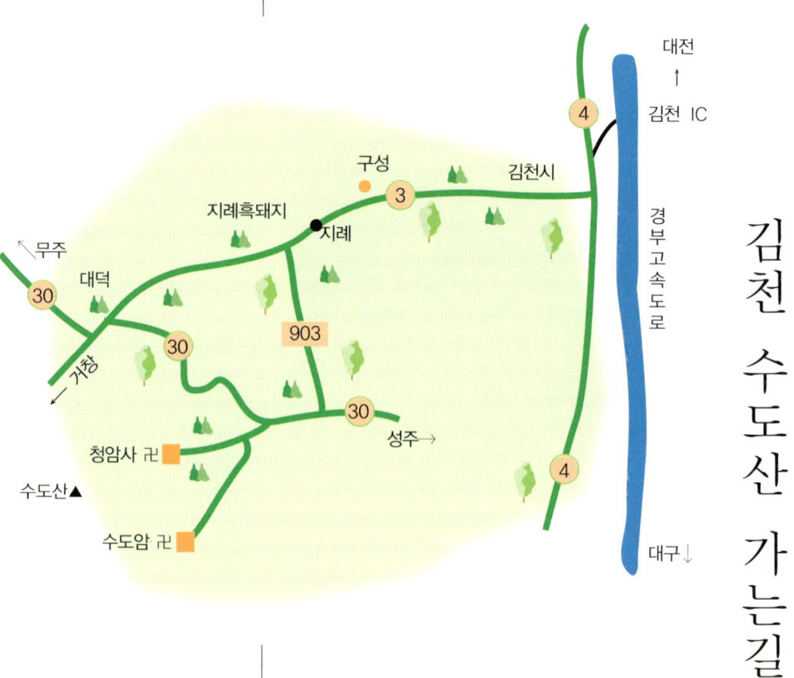

서울방향에서 수도산을 가려면 경부고속국도 김천IC로 나온 다음 3번 국도를 타고 지례면을 거쳐 대덕면까지 간다. 대덕에서 좌회전하면 성주방향 30번 국도. 이 도로를 따라가다 가래재를 넘으면 청암사 입구가 나온다.

부산과 대구 방향에선 서대귀IC~성서~계명대 성서캠퍼스~다사~성주읍~김천 대덕면으로 이어지는 국도 33호선~금수면~증산면 평촌리에서 좌회전~청암사.

안내전화

김천시 관광문화재담당=054)420-6062.

청암사=054)437-0038. 수도암=054)437-0700.

추천코스

시간여유가 있다면 청암사부터 들러 산행을 한 후 수도암 쪽으로 하산하면 된다. 청암사 입구까지는 버스로 이동. 승용차가 이동수단이라면 증산에서 부항재를 넘어 지례로 가서 저녁으로 지례흑돼지를 맛본 후 3번 국도를 통해 구성–김천–경부고속국도 김천IC로 나가면 된다. 대구방향은 성주를 통해 가는 게 빠르다.

맛

청암사에서 성주방면으로 조금만 가면 증산면소재지다. 삼거리서 903번 지방도로를 따라 좌회전해서 재를 하나 넘으면 지례면이 나온다. 지례흑돼지는 강원도 명파돼지, 전북 장수돼지, 제주 똥돼지와 함께 전국적인 명성이 있다. 흑돼지를 판매하는 전문식당은 18곳. 고기가 다소 질기다는 손님도 있지만 담백하고 쫄깃하다. 이곳에선 특이하게 여성들까지도 돼지비계를 '하얀 고기'로 부르며 즐겨 먹는다. 왕소금구이와 양념구이 1인분에 6천원. 1인분이 250g일 정도로 고기양이 푸짐하므로 너무 많이 시키지 않는 것이 요령.

청암사에서 가까운 증산면소재지 수도산식당에서도 흑돼지 맛은 볼 수 있다. 지례흑돼지막구이 1인분 4천원. 가격이 싼 대신 양이 적다.

지례 흑돼지.

잠

'하룻밤의 출가'. 김천 직지사에서 템플스테이로 특별한 하루를 체험 해보자. 일반인들에게 휴식을 제공하는 것을 목적으로 하기 때문에 종교적인 색채가 너무 강하지 않을까 하는 걱정은 하지 않아도 된다.

템플스테이는 한달에 한번 매월 넷째주 토, 일요일 1박 2일로 열린다(단체 템플스테이는 수시로 모집). 예불과 참선, 불교문화해설, 다도, 포살법회, 요가 등 다양한 프로그램이 있다.

문의=054)436–6174.

010

어느새 바다를 닮는다,
해운대~울산 해안도로

백옥색은? 겨울바다에 서면 속이 시리다. 그만큼 차갑다. 하지만 기분은 상쾌하다. 바위에 부서지는 파도를 보면 그렇다. 파도는 백옥색으로 부서진다. 오염되지 않은 맑음. 색깔 때문인지 속이 다 시원해진다. 백옥색은 흔히 폭포에서 떨어져 내리는 물이 일으키는 포말을 표현할 때도 사용한다. 해운대~울산 사이의 겨울바다에 서면 가슴 뻥 뚫리는 시원함을 맛볼 수 있다.

겨울바다는 두 팔을 벌리고 콧등까지 시리게 만드는 가슴으로 안아야 후련하다.
입까지 얼얼할 정도의 바람이다. 백옥색 물빛이 시원하다.
어느새 품고 있던 세상의 모든 슬픔까지 풀리는 기분이다.

바다가 그립다. 무엇이든 넉넉하게 받아줄 것만 같은 바다. 그래서 늘 바다는 혼자서 찾는 것처럼 인식을 해왔다. 실연의 아픔을 삭이고, 괜한 쓸쓸함에 빠져버리고 싶을 때 찾는 곳……. 하긴 혼자면 어떻고 둘이면 어떠랴. 말 못할 가슴앓이를 풀 마음의 준비만 됐다면 바다로 갈 일이다. 아린 가슴을 씻어내고 마음까지 비워내는 데는 겨울바다만한 곳이 없다.

세찬 바람이 불어도 상관없다. 바람이 거세질수록 오히려 겨울바다다운 법. 어

▲기장~울산 해안도로.
▲▲기장항 멸치.

차피 옷깃을 여미어 봐도 찬바람은 막을 수 없다. 아예 겨울바다는 두 팔을 벌리고 콧등까지 시리게 만드는 가슴으로 안아야 후련하다.

해운대에서 울산 간절곶까지의 해안도로가 겨울바다 여행지로는 제격이다. 이곳은 남해에서 동해로 휘어지는 드라이브 명소. 꼬불꼬불 해안선을 따라가는 길 맛이 남다르다. 승용차 문을 열면 파도소리가 들릴 만큼 바다와도 가깝다. 쉬엄쉬엄 길을 따라가며 겨울바람을 가슴으로 안아보자.

서두를 게 뭐 있으랴. 국내의 대표적 바닷가 사찰인 해동용궁사에도 들러보고 수산과학관에서 우리나라 수산업 관련 각종 전시물들을 살피며 가다보면 대변항이다.

한겨울임에도 대변항은 시끌시끌하다. 관광객을 끌어 멸치젓갈을 맛보이는 난전, 고무바지를 입고 기장미역을 다듬고 있는 아줌마……. 한쪽에선 갓

일광해수욕장에서 고리원자력발전소로 가는 해안도로를 따라가다 만난 바다풍경. 이색적인 건물은 카페다.

잡은 손가락 굵기의 멸치를 굵은 소금과 버무려 큰 비닐봉지에 담는 작업이 한창이다. 활기가 느껴진다. 사람 사는 것 같다. 이곳에선 가슴앓이고 쓸쓸함이고 간에 다 사치다.

꽉 막힌 현실에 허덕이다가 찾은 겨울바다와 겨울항구. 이곳에서 싱싱한 삶을 되찾는다.

울산 간절곶 등대.

동해안 따라가는 해안드라이브

부산 해운대에서 출발한다. 일단 기장방면으로 차머리를 잡았다가 바로 우회전해서 달맞이길로 접어든다. 호젓한 해안 순환도로가 바로 달맞이길이다.

추운 날씨에도 군데군데 손깍지를 낀 연인들이 바다를 보고 있을 만큼 환상적이다. 길가에 늘어선 찻집들의 풍광도 독특하다. 지중해의 작은 도시를 연상케 하는 독특한 인테리어를 갖춘 곳에서 차 한잔을 곁들이는 것도 또 다른 낭만이다. 화랑, 포토갤러리 등 문화시설이 많은 것도 특징. 대한팔경의 하나라는 해월정에서 달을 볼 수 없다는 게 아쉬움으로 남는다.

고개를 넘으면 송정이다. 송정해수욕장 입구 삼거리에서 직진하면 기장으로 향하는 새로 뚫린 도로이고 우회전하면 바다를 끼고 대변항으로 가는 해안도로다.

바다가 보이는가 싶더니 이내 바다는 시야에서 사라진다. 대신 식당들이 길가에 늘어섰다. 짚불곰장어로 이름난 기장군 시랑리 지역이다. 해동용궁사와 수산과학관은 이 식당들이 끝나는 지점에 있다. 해동용궁사는 바닷가 파도가 일렁이는 곳에 자리 잡고 있다. 수상법당이라 할 만큼 바다와 가깝다. 그 자체로 이미 볼거리인 셈.

멸치로 유명한 대변항도 이곳에서 지척이다. 송정에서 용궁사를 거치지 않고 바로 가면 승용차로 10분 거리. 그러나 서두를 것이 뭐 있으랴. 쉬엄쉬엄 경치 좋은 곳을 골라 가슴앓이까지 치유하고 갈 일이다.

대변항의 겨울은 5월 멸치축제 때와는 딴판이다. 번잡함이 없어 좋고 바가지가 없어 여행 기분이 난다. 그래도 즉석에서 학꽁치회, 젓갈, 미역 등을 파는 바다 쪽의 난전들은 시끄럽다. 횟집이나 난전이나 멸치회 전문을 내세운다. 하긴 대변항에서 멸치회를 맛보려면 겨울철이 더 낫다. 축제기간 중에는 제대로 대접 받기 어렵다.

해안 드라이브는 대변항이 끝나는 지점부터 다시 시작된다. 겨울바다를 느낄 수

 우리나라 바닷가 사찰 ─────────────────────────────

용궁사는 매우 드물게 바닷가에 바로 인접한 사찰이다. 국내 대개의 사찰이 산중에 자리 잡고 있는 것과는 달리 용궁사는 동해의 파도가 직접 닿은 절벽 위에 있다. '불이문'이라 이름 붙인 다리 위에 서면 발밑에서 철썩대는 바닷물을 볼 수 있다. 주차장에서 산을 오르는 게 아니라 아래쪽으로 108계단을 내려가야 하는 것도 특이하다.
국내에서 바닷가사찰로 가장 큰 규모는 의상대사가 바다 위의 암자인 홍련암 아래 석굴에서 깨달음을 얻은 후 창건했다는 낙산사다. 홍련암 마룻바닥의 뚜껑을 열고 내려다보면 파도와 석굴을 볼 수 있다. 전북 김제의 심포항 인근 진봉산 언덕 끝에 망해사가 있다. 바로 앞이 바다이고 썰물일 때는 3~4km씩 갯벌이 드러난다.

있는 명당은 영화 〈친구〉 촬영지라는 표지판을 100m쯤 지난 곳이다. 차에서 내려 갯바위에 올라서본다. 입까지 얼얼할 정도의 바람이다. 백옥색 물빛이 시원하다. 어느새 품고 있던 세상의 모든 슬픔까지 풀리는 기분이다.

월전리 쯤에서 해안도로는 끊긴다. 기장군청으로 우회했다가 일광해수욕장으로 돌아오면 다시 해안도로로 접어든다. 이곳에서 고리원자력발전소까지가 드라이브 명소다. 바다와 맞닿은 도로를 달리며 겨울을 만끽할 수 있다. 해안도로는 이천리, 동백리, 신평리, 칠암리, 문중리, 문동리를 차례로 거치며 작은 어촌들마다 독특한 볼거리들을 만들어낸다. 한 굽이를 돌 때마다 보는 맛이 색다르다.

탁 트인 간절곶 등대가 드라이브의 끝이다. 흐린 날씨로 검게 변한 하늘도 풍경에 가담한다. 해운대서 이곳까지 오는 동안 행여 남겨둔 가슴 속 응어리를 씻어버릴 만한 곳이다.

부산 태종대.

부산 자갈치 시장.

부산 시티투어

해운대와 광안리해수욕장, 아쿠아리움, 벡스코, 태종대, 자갈치시장, 달맞이 길……. 부산은 큰 도시답게 볼거리가 많다. 이 많은 관광지들을 어떻게 찾아가고 코스는 어떻게 짤까? 고민할 필요가 없다. 부산시티투어가 있기 때문이다.

시티투어는 부산의 관광지 뿐 아니라 문화와 예술의 명소까지 모두를 코스에 담았다. 부산역을 기점으로 해 정해진 코스를 순환운행하기 때문에 1일 이용권을 구입한 후 원하는 정류장에서 내려 관광을 한 후 다음 투어버스를 이용할 수 있어 편리하다.

코스는 해운대 방향과 태종대 방향, 야경투어 세 개로 구분되어 있다.

① 해운대방향 코스=부산역 출발-UN기념공원-부산시립박물관-광안리해수욕장-누리마루APEC하우스-해운대(부산아쿠아리움)-벡스코-광안대교-부산역(1시간 40분 소요).

② 태종대방향 코스=부산역 출발-용두산공원-연안여객터미널-태종대-PIFF광장-자갈치시장-부산역(1시간 40분 소요).

③ 야경투어 코스=부산역-광안리-해운대(포토타임)-달맞이/해월정-광안대로-금련산수련원(포토타임)-부산역 (오후 7시30분 출발, 오후 9시30분 도착).

항구도시 부산을 제대로 알려면 자갈치시장을 가봐야 한다. 예전의 좌판을 펼친 정다운 모습 대신 현대화된 시장모습을 볼 수 있다. 대신 '자갈치 아지매'들의 활기찬 모습은 여전하다. 태종대 방향 코스를 선택하면 자갈치시장과 함께 맞은편의 부산국제영화제가 열리는 PIFF광장, 태종대까지 돌아볼 수 있다.

용두산 공원과 부산타워도 부산을 대표한다. 높이 120m의 부산타워에서는 부

 영화촬영지로 유명한 미포건널목 ------------------------------------

해운대해수욕장에서 달맞이고개 쪽으로 방향을 잡고 가다 보면 두개의 건널목을 만나게 된다. 그중에서도 미포건널목을 반드시 건너봐야 한다. 영화촬영지로 유명하기 때문이다.
미포건널목은 해운대 백사장이 끝나는 지점의 한국콘도에서 달맞이고개 쪽으로 향하다보면 있다. 기차가 지나가고 난 뒤 건널목 바리케이드 위로 바로 보이는 바다풍경이 환상적인 곳이다. 건널목을 건너면 바로 바다에 풍덩 빠질 것 같은 건널목이다. 이때문에 〈거룩한 계보〉 등 부산에서 영화가 촬영될 때마다 단골촬영장소가 됐다. 또 하나의 건널목인 우일건널목은 해운대 쪽으로 50m만 가면 있다.

산시가지는 물론이고 맑은 날엔 대마도까지 보인다. 꽃시계는 옛날부터 내려오는 사진명소다.

야경투어 코스는 연인들에게 인기다. 부산의 대표적인 데이트코스인 달맞이길과 광안리, 해운대 해수욕장의 밤풍경을 배경으로 사진찍기 바쁘다. 걷는 사람들을 위해 나무벤치와 휴식공간을 갖췄다. 달맞이고개 정상 부근에는 '해월정'이 자리 잡고 있어 해운대와 동백섬, 멀리 광안대교까지 한눈에 볼 수 있다.

승차권 구입 예약은 전화(051-464-9898)와 인터넷(http://www.citytourbusan.com)으로 받는다. 비용은 대학생이상 성인 1만원, 소인 및 청소년 5천원. KTX탑승권 소지자(탑승당일)는 8천원, 야경투어코스는 1만원.

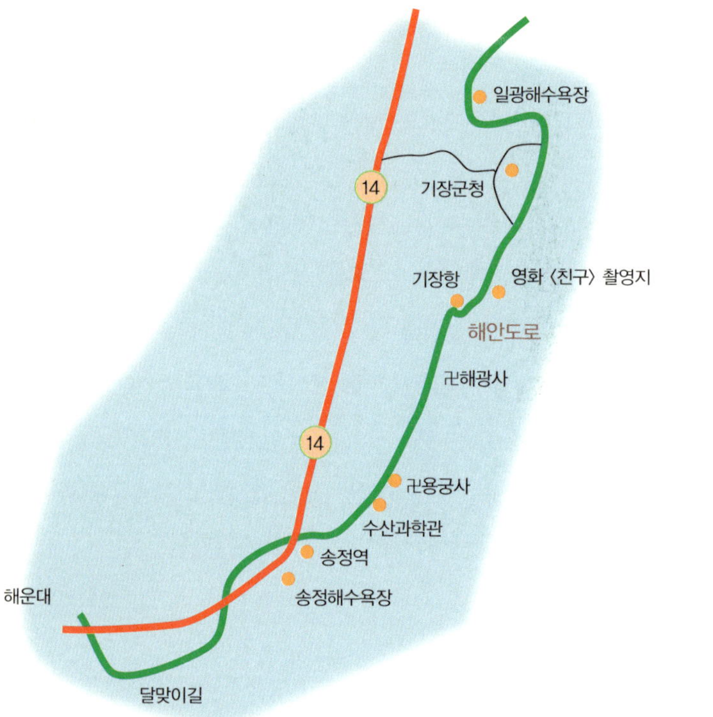

해
안
도
로

가
는
길

승용차_ 경부고속국도 구서IC에서 해운대방향 표지판을 따라 도시
고속국도로 갈아타고 원동IC에서 내리면 해운대가 가깝다.

기차_ 부산역까지 기차를 이용해도 된다. 부산역에서 대변항이 있
는 기장역까지 통일호와 무궁화호가 아침 5시 35분부터 밤 10시
까지 수시로 있다. 이럴 경우 기장항 끝부분 해안도로 시작부분에
서 100m 정도만 더 가면 영화 〈친구〉 촬영지가 있고 이 부근이
겨울바다를 조망하는 포인트다.

추천코스

겨울바다 여행, 해운대에서 시작할까? 울산 간절곶에서 시작할까?
먼저 조수석에 앉은 사람을 고려한다면 해운대서 출발해야 한다.

오른쪽이 바다니까 조수석에 탄 사람이 겨울바다 경치감상에 지장이 없다.

반대로 자녀들과 함께 하는 겨울여행이라면 울산에서 해운대 방향으로 이동하는 게 낫다. 수산과학관과 해운대 아쿠아리움에서 여행을 마무리할 수 있어서다. 특히 울산에서 부산으로 내려오는 코스라면 달맞이고개에서 야경을 보며 차 한잔을 하는 여유를 낼 수도 있다.

여기도!

수산과학관_ 국립수산과학원 내에 있는 수산과학관은 잘 알려지지 않은 보물창고다. 1997년 개관. 수산업과 관련된 7천300여점의 각종 전시물이 있다. 특히 해운대에 있는 부산 아쿠아리움이 거대 시설을 갖춘 볼거리 위주라면 이곳은 교육적인 전시물들이 많다. 1920년대부터 국립수산과학원에서 수집된 희귀종 어패류 표본을 볼 수 있다. 해동용궁사 입구에 있다. 051)720-3061~5.

수산과학관 어류전시관.

맛

겨울바다 여행의 또 다른 즐거움은 입으로 느끼는 맛이다. 송정~용궁사 사이 기장군 시랑리에 가면 기장의 유명한 짚불곰장어구이를 맛볼 수 있다. 짚불로 곰장어를 구우면 겉은 새까맣게 타지만 속살은 노릇하게 익어 입안에서 살살 녹는다. '기장 곰장어' 등 8곳의 짚불곰장어 전문 식당이 영업하고 있다. 가격은 1kg에 3만원 정도.

대변항 횟집밀집지역에서 멸치회와 곁들여 먹는 멸치찌게 맛도 일품이다. 기장멸치로 담은 액젓과 육젓도 빼놓을 수 없는 맛을 선사한다. 현지공장에서 생산한 액젓이나 육젓은 김장이나 보쌈양념으로는 그만이다.

011

다도해에 피어난 연꽃봉오리, 통영 연화도

담청색은? 담청색은 자연과 미래를 표현하는 색이다. 하늘빛과 같다. 하늘을 신성시하는 우리나라 사람들이 가장 선호하는 색 중의 하나이다. 그래선지 기업 CI(Corporate Identity · 기업이미지통합)에서도 많이 볼 수 있는 색이다. 통영8경 중 하나인 용머리풍경은 연화도 보덕암에서 보는 것이 제일이다. 점점이 바위섬들이 담청색 바다 속으로 빠져드는 모습을 볼 수 있다.

연화도의 매력은 첫째 경치다.
풍경을 가슴에 안으면 조르바처럼 영혼의 자유를 꿈꿀 수 있다.
둘째는 가족과 함께 즐길 거리. 가두리양식장의 줄낚시는 아이들이 좋아한다.
셋째는 인정이다. 다른 곳에서는 느낄 수 없는 순수한 민박집의 인정이 특별하다.

바위에서 본 보덕암.

사람들은 언제 섬을 찾을까. 대개 일상이 무료하고 재미없다고 생각할 때다. 자신의 신념대로 아주 자유롭게 살고 싶을 때다. 어느 날 문득 섬이 그리워지는 건 그래서다.

경남 통영의 작은 섬 연화도(蓮花島). 연화도로 가는 뱃길에 문득 니코스 카잔차키스의 소설 〈그리스인 조르바〉가 생각나는 것은 왜일까. 그렇다. 그건 자유로운 삶을 살아가는 조르바를 닮고 싶어서일 게다. 복잡한 세상을 살아가는 조르바의 단순한 논리는 야생마 같은 그의 행동에도 불구하고 그에게 빠져들게 하는 매력을 가진다.

연화도는 조용한 곳에서 진정 자유로운

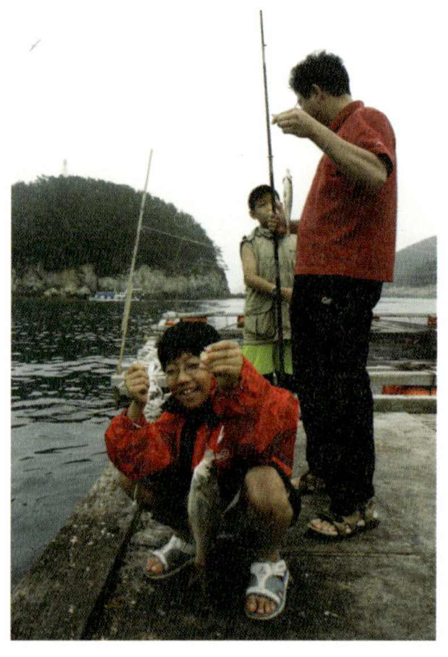
가두리양식장 밖으로 줄을 드리우는 줄낚시.

삶이 무엇인지 찾고 싶을 때 가면 좋은 곳이다. 떠들썩한 여행지와는 거리가 멀어서다. 그래선지 연화도는 아이들과 함께 온 가족이 다녀오기에 딱 맞다. 어른은 어른대로, 아이는 아이대로 즐길 거리가 많다.

연화도 여행은 벌써 세번이나 했다. 한번은 아이와 함께 1박, 한번은 가족끼리 욕지도 천황산을 다녀오면서 가볍게 들렀고 마지막은 작정하고 다섯가족 대식구가 함께 가서 1박을 했다.

그러고 보니 연화도는 모두 가족과 함께 갔다 온 셈이다. 그만큼 가족여행지로 손색이 없다는 말이기도 하겠다.

연화도의 매력은 첫째 경치다. 연화봉 정상에서 보는 네바위(용머리) 풍경은 통

 아이들과 바다낚시를 --

통영에서 연화도와 욕지도를 오가는 배.

영8경 중 하나다. 이 풍경을 가슴에 안을 수만 있다면 조르바처럼 영혼의 자유를 꿈꿀 수 있다.

둘째는 가족과 함께 즐길 거리. 가두리양식장에서 하는 줄낚시는 특히 아이들이 좋아하는 코스지만 결국에는 어른들이 더 즐거워한다.

셋째는 인정이다. 아직까지 순수한 민박집의 인정을 맛볼 수 있다는 것도 다른 섬에서는 느낄 수 없는 특별함이다.

연화사.

연화도에서 보는 통영8경

연화도는 통영의 한 작은 섬이다. 통영 주위의 한산도나 사량도, 비진도, 욕지도 와는 달리 잘 알려지지 않았다. 그래서일까. 연화도로 가는 길은 멀다.

연화도는 통영에서 뱃길로 약 한 시간 거리다. 여객선 선착장인 본촌은 여느 섬 의 어촌풍경과 다를 바 없다. 평범해 보인다. 그렇지만 선착장에서의 느낌은 곧 탄 성으로 바뀔 터. 서두를 필요는 없다.

연화도에 도착하면 섬 끝부분인 동두마을을 먼저 둘러봐야 한다. 배에 싣고 간 승용차를 이용할 수밖에 없다. 연화도엔 대중교통 수단이 없기 때문이다. 200여 명의 주민이 사는 연화도엔 두 갈래 길 뿐이다. 본촌마을에서 보덕암 가는 길과 동

150

두마을 가는 길이다.

동두마을은 통영8경 중 하나인 용머리에 해당하는 곳이다. 네바위섬이라고도 한다. 이곳은 금강산의 만물상을 연상시키는 바위들의 군상이 볼만하다. 일몰직전 찾으면 더욱 비경이고 지는 해의 빛을 받아 황금으로 물드는 바위가 장관이다.

네바위 끝섬 단애 꼭대기에 가로로 서있는 낙락장송 한 그루가 애처롭다. 푸른 빛을 잃어버린 이 천년송은 지난 2003년 매미 태풍 때 짠 바닷물을 뒤집어써서 말라버렸다.

용머리 풍경을 제대로 보기 위해선 연화봉(215m)에 올라봐야 한다. 본촌마을에서 출발하면 연화봉 오르는 길은 두갈래 뿐이다. 능선을 타고 등산로를 따라가는 길과 이보다는 더 수월한 연화사(蓮華寺)→오층석탑을 거쳐 둘러가는 길이다. 시간차이는 없다. 두 길 모두 40분이면 연화봉에 닿는다.

두 길의 차이는 느낌의 차이다. 능선을 타고 오르면 연화도의 백미인 용머리의 절경을 연화봉에서 단번에 볼 수 있다. 몇 개의 바위섬이 점점이 이어지면서 차츰 바다 속으로 빠져 들어가는 모습은 환상적이다. 마치 용이 대양을 향해 헤엄쳐 가

 연화도, 불교와 어떤 인연 있을까?

연화도는 섬 이름처럼 북쪽 바다에서 보면 한겹 한겹 봉오리 진 연꽃 모습이다. 이것 때문일까? 연화도는 불교성지다. 400여년전의 연화도인과 사명대사, 자운선사에 얽힌 전설과 설화가 차곡차곡 쌓여있다. 그 전설들이 사실로 밝혀지면서 지금은 매년 수많은 불교도들이 방생과 순례를 위해 이 섬을 찾는다.

특히 연화도사가 비구니 3명과 함께 수도했다는 서낭당(실리암)과 도승들이 부처처럼 모셨다는 전래석(둥근 돌) 등 유물들이 산재해 있기도 하다. 통영시에서는 연화도를 불교테마공원으로 조성할 계획이다. 개발이라는 이름으로 섬의 자연까지 훼손하지 않기를 바랄 뿐이다.

는 듯한 형상이다. 그만큼 절경에 대한 감동도 크고 여운도 오래 남는다.

오층석탑을 거쳐 가는 길은 느낌을 업데이트 할 수 있다. 본촌마을 왼쪽으로 난 길을 따라 쉬엄쉬엄 10여분을 오르면 연화사고 이곳서 다시 15분여 시멘트포장길을 따라가면 산능선 위에 자리 잡고 있는 오층석탑이다.

이곳에 서면 아래쪽 절벽 위에 지은 보덕암과 푸른 바다, 이들과 어우러진 점점이 이어진 용머리의 풍경이 쫙 펼쳐진다. "우와"하는 첫번째 감탄사가 나지막이 나도 모르게 흘러나온다.

두 번째 감탄사는 연화봉 꼭대기에 서야 나온다. 이곳서 등산로를 따라 15분여 오르면 된다. 망망대해와 남해의 섬들과 함께 보는 용머리의 풍경이 색다르다.

남망산 조각공원.

통영의 유명예술인 흔적

　연화도 여행의 시작과 끝인 통영은 문화예술인의 고장이다. 통영은 작곡가 윤이상과 시인 유치환·김상옥·김춘수·서양화가 전혁림, 소설가 박경리, 극작가 유치진 등을 낳았다. 이들을 기리는 박물관과 생가, 공원 등도 많다. 이들의 흔적을 따라 하나의 여행코스를 만들어도 손색없을 정도다.

　코스는 청마문학관에서 출발해 김춘수 생가-남망산조각공원-청마생가터-청마거리-통영우체국-충무교회(문화유치원)-박경리생가-김상옥생가-이중섭 기거했던 집-윤이상거리-페스티벌하우스-윤이상생가-전혁림미술관 순이다.

청마 유치환의 생가.

　통영우체국은 통영여중 선생으로 근무하던 청마 유치환이 아홉 살 연하의 홀로
된 정운(시조시인 이영도의 호)에게 연시를 보냈던 곳이다. 청마는 통영우체국을
통해 20년 동안 약 5천통의 사모의 정을 담은 편지를 보냈다. 공교롭게도 청마는
이 편지의 대부분을 부인이 운영하던 충무교회 내의 문화유치원 서재에서 썼다.
현재 당시의 통영여중은 통영문화원으로 바뀌었지만 문화유치원은 그대로다.

　청마 생가는 원래 터에 복원을 하지 못하고 청마문학관을 지으면서 옮겨가 원
래의 생가터엔 대리석 표지만 남아있다. 청마거리를 나와 조금만 더 걸으면 소설
〈토지〉로 유명한 박경리 선생의 생가를 만난다. 조금 더 아래쪽에는 시조시인 김
상옥의 생가를 둘러 볼 수 있다.

윤이상거리.

전혁림 미술관.

남망산조각공원 입구에 위치한 동산약국 옆은 옛날 김춘수 선생이 살았던 곳이다. 공원엔 세계 각국의 조각가 15명의 작품이 전시되어 있다. 박경리 선생의 〈김약국의 딸들〉 영화촬영 기념비와 청마 유치환 선생의 〈깃발〉 시비도 이곳에 있다.

푸른 언덕, 충렬사 풍경, 남망산 오르는 길이 보이는 풍경, 복사꽃이 핀 마을……. 이중섭 화가의 이 작품들은 그가 통영에 있을 때 통영을 배경으로 그린 그림들이다. 그가 통영에 있을 때 기거했던 집도 찾아볼 수 있다.

매년 3월이면 통영이 낳은 세계적인 음악가 윤이상 선생의 음악세계를 기리는 통영국제음악제가 열린다. 선생의 생가 앞 도로를 윤이상 거리로 지정하고 입구에는 흉상이, 거리 중간에는 (재)통영국제음악제 사무국인 페스티벌하우스가 있다.

마지막 순서는 우리나라 10대 거장에 속하는 전혁림 화백의 미술관. 통영에 거주하는 전 화백의 작품세계를 엿볼 수 있다.

연화 도로 및 등산로

배_ 승용차를 싣고 연화도로 갈 수 있는 배편은 욕지카페리호로 오전 6시50분, 오전 11시, 오후 3시에 통영여객선터미털에서 출항한다. 승객들만 탈 수 있는 배편은 샹그리라호로 오전 9시30분, 오후 1시, 오후 5시에 통영에서 출발. 통영~연화 1인 운임은 7천700원. 연화도엔 대중교통수단이 없다. 통영서 출발하는 카페리호에 승용차를 싣고 가는게 좋다. 승용차 1만4천원(중형은 1만8천원). 문의=욕지해운 홈페이지(http://www.yokjishipping.co.kr).

안내전화

통영시 관광과=055)650-4621.

통영여객선터미널=055) 641-6181, 642-0116~7.

욕지면사무소=055)642-5119.

추천코스

오후 3시 배를 타면 무리가 없다. 4시 연화도 도착, 민박집에 짐을 풀고 아이들과 걸어서 연화봉을 오른다. 40분 소요. 하산은 보덕암 쪽으로 내려와 연화사를 거쳐 민박집으로 돌아오면 된다. 두 시간 조금 더 걸린다. 다음날은 섬 일주여행을 하고 바로 양식장낚시를 한다. 섬 일주여행은 어선을 타고 한 시간 남짓. 통영으로 돌아오는 배는 연화도에서 4시 50분이다.

욕지도에서 1박을 하고 연화도는 통영으로 돌아오는 길에 둘러봐도 된다. 욕지도에서 연화도를 경유해 통영으로 나오는 배는 하루 3회 있다. 욕지에서 연화도까지는 15분 소요.

맛

연화도에서 첫번째 맛은 싱싱한 회다. 낚시로 잡은 바다고기를 즉석에서 회로 먹는 맛은 기막히다. 너무 많은 고기가 잡히기 때문에 남는 고기는 민박집으로 가져와서 숯불구이로 해먹으면 된다. 연화도용머리민박 주인 이태성씨는 고기비늘을 벗기고 굵은 소금을 뿌린 후 숯불에 직접 구워주기도 한다. 특히 아이들이 좋아한다.

통영에서 꼭 맛을 보고 갈 만한 음식은 충무김밥. 통영여객선터미널 앞 서호시장 부근에 충무김밥집 10여 곳이 성업 중이다.

맛에 관한 한 통영에서는 '통영 굴' 만한 게 없다. 통영은 우리나라의 최대의 굴 생산지. 보통 10월부터 이듬해 4월까지의 굴을 최고로 친다.

잠

연화도엔 여관은 없고 본촌마을과 동두마을서 민박을 친다. 큰방이 3만원 정도이지만 성수기엔 5만원까지도 한다. 주방시설과 욕실이 갖춰져 있어 깨끗하다. 대부분 1인분 한끼 5천원에 식사를 제공한다. 용머리민박(055-643-6915), 우리민박(055-642-6717), 네바위민박(055-642-6719).

012

산에서 보내는 한해, 영천 보현산 일몰

보라는? 흔히 일몰은 '붉은 노을'로 표현될 정도로 붉다고 이야기한다. 특히 서
해 바다 위로 온 주위를 붉게 물들이며 떨어지는 일몰의 풍경은 말로 표
현해내지 못할 정도로 강렬하다. 하지만 산에서 보는 일몰은 또 다르다.
검은 실루엣으로 변해가는 산등성이 파노라마는 보라색에 가깝다. 그래
서 산에서 보는 일몰은 바다보다 더 우아하고 위엄 있다.

산에서 보는 일몰은 바다보다 대담하다.
파노라마처럼 이어지는 산봉우리들의 보라색 실루엣을
배경화면으로 삼은 붉은 일몰.
한해동안 걱정과 생채기로 가득한 가슴을
따뜻하게 해주는 풍경으로 딱 어울리는 곳이다.

▲보현산천문대로 올라가는 꼬부랑길.
▲▲보현산천문대 방문자센터.

겨울이 되면 왠지 쓸쓸해진다. 추위 때문일까? 옷을 껴입어보지만 몸도 마음도 움츠러들기만 할뿐이다. 한해를 마무리하는 이때의 나들이로는 일몰여행이 제격이다. 그러나 연초 해돋이와 달리 일몰은 아쉽다. 허전하다. 이 아쉬움을 애써 붙들기 위해서일까? 너도나도 한해 끝자락의 해를 보려고 떠난다.

일몰은 역시 온 바다를 온통 붉게 물들이는 서해낙조가 일품이다. 하지만 산에서 보는 일몰은 또 다른 감동을 전해준다. 산에서 보는 일몰은 바다보다 대담하다. 파노라마처럼 이어지는 산봉우리들의 보라색 실루엣을 배경화면으로 삼은 붉은 일몰.

한해동안 걱정과 생채기로 가득한 가슴을 따뜻하게 해주는 풍경으로 딱 어울리는 곳이다.

그렇다면 어디로? 경북 영천의 보현산이 딱 맞는 곳이다. 이곳은 여행객들의 넋을 빼놓을 만큼 저녁놀이 아름답다. 보현산 정상에 서면 시야가 탁 트인다. 서쪽으로 멀리 화산과 팔공산까지 희미한 실루엣으로 펼쳐진다. 산들이 점점 높아지면서 파노라마를 이루었다. 산등성이가 높낮이에 따라 파도를 친다. 장엄하다. 이를 배경으로 해가 진다. 어디서 이만한 경치를 볼 수 있을까 싶다.

여린 겨울 햇살 때문인지 뼛속을 파고드는 찬바람이 더 기승이다. 하긴 아무리 세찬 겨울바람이라 한들 대수냐 싶다. 이미 지난 1년간이나 뼛속깊이 시린 생활을 해오며 단련해온 터다.

추운 겨울, 보현산 정상에서 추위에 맞서며 일몰을 맞는 것은 곧 다시 시작될 한해를 설렘으로 맞이하기 위해서다. 그래서 날마다 맞는 일몰이지만 더 특별한 것일 게다. 12월 한해의 마지막 해넘이를 보현산에서 가슴으로 환송해보자.

 보현산천문대 ____

이곳에선 마음까지 타오른다

경북 영천 북쪽의 보현산(해발 1,124m). 정상 천문대까지 도로가 나 있는 보현산은 산행을 하지 않고도 정상에서 일몰을 볼 수 있다는 매력이 있다. 이 때문인지 겨울철 오후 늦은 시간이면 보현산을 오르는 차량들을 심심찮게 볼 수 있다.

보현산천문대 방문객센터가 정상이다. 꼬불꼬불, 위험하지만 않으면 꽤나 낭만이 있을 법한 9.3㎞ 산길을 자동차로 올라야한다. 조심조심 길을 올라 천문대 방문객센터 앞에 이르면 탁 트인 시야가 마음까지 넉넉하게 한다. 겨울이라면 해지는 시간은 오후 5시15분 정도. 그전에 미리 4시쯤 도착해 천문대 방문객센터 내의 천문전시관을 둘러보고 느긋한 마음으로 일몰을 즐기는 게 좋다.

"천문전시관은 이곳을 찾는 관람객들에게 쉬어가라는 의미로 꾸며놓은 곳입니다. 1.8m망원경으로 찍은 천체사진이 볼만합니다."

1.8m망원경 팀장 전영범 씨는 특히 아이들과 함께라면 반드시 들러볼 것을 권한다.

천문전시관을 둘러봤다면 일몰감상에 나설 차례. 시야가 막힘이 없는 1.8m 망원경동 앞이 명당자리다. 오후 5시가 넘으면 서쪽 하늘은 조금씩 달라진다. 훈훈해지는 기운에 돌아보니 서쪽하늘이 붉다. 겹겹이 산으로 둘러싸인 산꼭대기서 보는 일몰은 바다에서 보는 것과는 전혀 다른 느낌으로 와 닿는다. 바다에서의 낙조가 조용하고 가라앉는 분위기라면 이곳에서 보는 일몰은 화려하다. 그 넓은 산악지대가 온통 붉게 변한다. 그러면 이내 하늘도 조금씩 붉게 물들어가고 마음까지도 활활 타오른다.

해는 산에 조금 걸쳐질 만큼 넘어가고 나서야 눈부시던 빛의 힘을 뺀다. 이때부

해가 완전히 넘어가고 난 뒤 보라색이 설핏해지며 정적이 감돈다.

턴 보라색의 향연이다. 파노라마처럼 펼쳐져있는 산등성이가 온통 보라색이다. 하늘의 붉은 기운을 받치고 있는 보라는 이내 검은 실루엣으로 변해간다. 보라색 잔치는 짧게 끝나고 하늘의 붉은 잔영만 한참동안 남는다. 그제서야 매서운 추위를 느낀다. 산 너머 떨어지는 불덩이를 잡느라, 보라색 산등성이를 담느라 카메라를 들고 있던 손이 얼얼하다.

우리나라 3대 낙조 명당이라는 강화 석모도에서도, 안면도 꽃지해변에서도, 변산반도 모항에서도 보지 못한 일몰풍경이다.

30대 중반으로 보이는 부부는 처음부터 끝까지 꼭 잡은 손을 놓지 않는다. 차안에서 곤히 자고 있을 아이를 걱정하면서도 이미 경치에 푹 빠져버렸다. 조금 늦게 도착한 그들은 해가 넘어가고 난 풍경이 더 좋다며 애써 위안을 삼는다. 그 말에 놀라 발걸음을 멈추고 다시 쳐다본다. 불그스름했던 겨울산자락이 검은 실루엣으로 변해 가는 중이다.

추위 걱정 없이 일몰을 보려면 두꺼운 외투는 필수다. 특히 한겨울이면 정상부근에 눈이 쌓여있을 수 있기 때문에 스노우타이어도 반드시 갖춰야 한다.

 1만원짜리 신권 뒷면에 보현산천문대 광학망원경이 들어간 이유는?

신권 1만원짜리 뒷면을 보면 보현산천문대의 1.8m 광학천체망원경이 들어있다. 도대체 성능이 어느 정도 길래 1만원권 지폐에 등장할까? 1.8m 광학망원경은 12km 떨어진 거리에 있는 백원 동전까지 식별이 가능할 정도라고 알려져 있다. 이 망원경으로 지금까지 모두 10개의 새로운 별을 발견해 각각 '보현산', '최무선' 등의 이름을 붙였다.
지폐 신권 1만원은 우리의 선진과학기술이 도안의 주제다. 국보 제228호인 조선시대 천문도 '천상열차분야지도'를 펼쳐 놓고 그 위에 천문관측기구인 혼천의와 보현산 천문대의 광학천체망원경을 나란히 배치했다. 반면 신권 1천원권은 교육·예술이 주제다.

시안미술관,
호당미술아카데미

보현산 가는 길에 두 곳의 미술관을 감상하는 재미도 쏠쏠하다. 그러려면 출발은 영천에서 하는 것이 좋다.

호당미술아카데미는 영천시내에서 신녕 쪽으로 가다보면 왼쪽에 이정표가 있다. 폐교를 훌륭한 미술공간으로 꾸몄다. 10여명의 예술가들이 개인 작업실에서 창작활동에 몰두하고 있다. 개인작업실 앞의 복도에 작품을 전시해두고 있어 언제든지 작품을 감상할 수 있다. 호당미술관 제1전시실과 제2전시실에선 일반인들도 쉽게 소장작품을 둘러볼 수 있게 해뒀다.

영천교육청 지정 영천학생미술학습원으로 지정되어 명화감상, 탁본수업, 소묘 등의 강좌를 진행하고 있는 것도 특징. 영천 이외의 지역에서도 단체로 신청하면 강좌에 참여할 수 있다. 매주 토요일엔 일반인들에게 개방되는 누드교실이 열리기도 한다.

호당미술아카데미

시안미술관은 폐교를 활용한 유럽식 현대건축물이다. 하지만 단순히 폐교를 활용만 한 것이 아니다. 2층 건물을 전면 리노베이션을 해서 폐교도 이렇게 바뀔 수 있구나 싶을 정도다. 개관은 2004년 4월.

호당미술관에서 나와 의성 쪽으로 가다가 은해사방면 삼거리 지나자마자 우회전해 철길을 건너가면 된다. 문화와 예술에 관한 복합문화공간. 전문전시실인 갤러리 시안, 조각이 있는 야외광장, 역사박물관, 레스토랑 등의 시설이 있다. 다양한 전시와 교육프로그램도 자랑거리.

무엇보다 2005년 한국여행작가협회로부터 '폐교를 활용한 가장 아름다운 미술관'으로 선정된 것이 자랑거리다. 최근 들어 TV 드라마 촬영지와 가수들의 음반 앨범 촬영지로도 각광받고 있다. 2007년에는 문화관광부로부터 지역문화예술교육 지원센터로 지정이 됐다. 이곳은 떠들썩하게 단체로 가는 것보다 가족끼리 혹은 연인끼리 조용하게 찾아보는 게 분위기 있다.

전시에 따라 다르지만 소정의 관람료가 있다. 각종 미술교육관련 프로그램을 운영한다. 홈페이지=http://www.cyanmuseum.org.

대중교통은 불편하다. 보현산 아래 정각리까지는 버스가 운행되지만 이곳서 천문대까지 9.3㎞는 걸어야하기 때문. 승용차가 있어야 한다.

경부고속국도 영천IC~영천시내~청송방면 35번국도~화남면~화북면 자천리~자천리서 2㎞가면 과적차량 검문소(이정표 보임)~옥계리 삼거리서 우회전~정각리삼거리(천문대 진입로 좌회전)~정각리에서 천문대까지 9.3㎞ 산길~천문대 주차장.

대구—포항 고속국도 북영천IC에서 내려도 된다. 화북·청송방면 35번 국도를 따라 화남면을 지나 화북면 자천리로 간다. 이하는 위와 동일하다.

안내전화

영천시 문화관광공보과=054)330-6063.

보현산천문대=054)330-1000. 호당미술아카데미=054)337-6515. 시안미술관=054)338-9391~3.

추천코스

보현산천문대와 보현산 일몰을 제일 마지막코스로 잡아야 한다. 천문대 도착 시간을 오후 4시쯤에 맞춰 5시까지 천문전시관을 둘러보고 일몰은 5시 15분쯤 해지는 시간에 맞추면 된다. 영천에서 출발해 호당미술아카데미-시안미술관을 둘러본다. 화북면 자천리 오리장림과 자천교회를 둘러보고 보현산천문대로 이동하면 된다.

여기도!

오리장림_ 옛날 도로가 나기 전에 자천리 일대 좌우 2km에 걸쳐 울창한 숲을 이루고 있다고 해서 붙여진 이름. 제방보호와 마을의 풍치기능을 하고 있다. 숲이 형성된 지는 약 400여년이 지났다. 10여종이 넘는 나무들이 분재박물관을 연상시키듯 서있다.

자천교회_ 화북면사무소 옆에 있는 자천교회는 일부러라도 찾아가 볼 만하다. 1903년에 선교사 어드만에 의해 세워졌으며 온돌방 구조로 가운데에 칸막이로 남녀 자리가 구분돼 있는 것이 특징. 지금도 입구에 한자로 '예배당' 이라고 된 현판이 있다.

맛

천문대에서 내려와 정각삼거리서 좌회전, 8~9km를 달리면 충효리에서 69번 도로와 마주친다. 좌측은 죽장, 우측은 자양·영천 방향이다. 우회전해 왼쪽에 영천댐 호수를 끼고 달리다보면 자양면사무소와 파출소가 나오고 그 맞은편에 자양식당(054-336-9014)이 있다. 댐에서 잡아 올린 싱싱한 붕어회를 잘 한다. 붕어는 껍질이 세서 작은놈을 횟감으로 사용한다. 큰 놈은 탕이나 찜으로도 낸다. 오돌오돌 씹는 맛이 일품이다. 과메기처럼 김에 싸먹는 붕어맛이 기막히다. 붕어회 4~5인 기준 4만원. 붕어탕과 메기매운탕도 맛있다.

느낌이 있는 풍경

+

눈이 내릴 때마다
고요한 울림이 산을 울리고,
그속에서 눈꽃 피는 소리를 듣다.

소복이 쌓인 눈꽃들의 향연 속에서 오히려 고요해지
는 마음과 마주한다. 아주 작은 눈꽃송이들이 잔가
지 하나도 남김없이 하얗게 덮어버리면 고요, 그 너
머에 있는 소리가 청명하게 울린다. 그렇게 눈이 쌓
이고 투명한 눈꽃들이 피어나면 마음은 더없이 깨끗
하게 비워진다.
경청은 마음이 고요할 때 가능하다. 산란한 마음이
온전히 비워졌을 때 비로소 진정한 소리가 내 마음
에 내려와 앉을 수 있다. 눈꽃 가득한 겨울산을 오
르며 고요의 의미를 깨달아 침묵을 배운다. 생의 아
름다운 시간, 우리가 들어야 할 진정한 소리만이 눈
꽃처럼 피어나기를 기도해본다.

'트레킹'이라는 용어는 남아프리카 원주민들이 탈구지를 타고 정처없이 집단 이주한 데서 유래했다. 우리나라는 신라시대의 화랑도 수행 등에서 초기 트레킹을 찾기도 한다. 가벼운 복장과 산뜻한 마음으로 나서보자. 특정한 목적지는 없어도 상관없다. 산, 들, 바람이 이끄는대로 몸을 맡기며 떠나는 사색여행!

트레킹

013

옛길을 걷는 재미,
울릉도 속살 들여다보기

독도전망대에서 내려다 본 도동항.

벽청색은? 방위에 따라 오색을 배정한 우리나라의 전통색 분류인 오방색(五方色)에 따르면 파랑은 동쪽을 뜻한다. 우리나라가 동이족 혹은 청구(靑丘)라 불린 것을 보면 파랑은 역사적으로도 꽤 친근한 색이다. 일반적으로 봄을 상징하는 이 색은 평화와 신뢰를 의미하는 색이다. 독도를 품고 있는 울릉도 바다는 온통 벽청색이다. 그래서 한국을 대표하는 색이기도 하다.

울릉도를 제대로 느끼는 여행을 원한다면 옛길 트레킹이 좋다.
울릉도의 진경을 보려는데 어느 정도 발품은 팔아야 하지 않을까.
옛길 트레킹은 놀라움의 연속이다.
판에 박힌 코스로는 결코 이만한 묘미를 맛보지 못한다.

울릉도 해안도로의 끝, 섬목.

해안선을 따라 섬을 한바퀴 도는 일주도로 드라이브와 해상 유람선 관광,
성인봉 등반. 2박 3일 울릉도 여행의 공식이다. 하지만 이게 울릉도 여행의 전
부는 아니다.

저동항의 새벽.　　　　　　　　　　　　　　　도동항 앞의 오징어.

　울릉도를 제대로 느끼는 특별한 여행을 원한다면 옛길 트레킹이 좋다. 옛길은 섬 일주도로가 개설되기 전 마을과 마을을 이어주던 유일한 통로였다. 학교를 오가기 위해, 산나물을 팔기위해 넘나들던 삶의 길이었다. 지금은 굳이 이 길을 오가는 사람들은 없다. 그만큼 옛길은 떠들썩한 단체관광의 야단스러움과 부산함이 없어 좋다.

　힘든 코스는 아니다. 그래도 울릉도의 진경을 보려는데 어느 정도 발품은 팔아야 하지 않을까. 유람선 해상관광이든 순환도로를 타는 육로관광이든 판에 박힌 코스로는 결코 이만한 묘미를 맛보지 못한다.

　트레킹 도중 울릉도에서 군락을 이루며 자생하고 있는 식물들을 살펴보는 것도 특별한 재미다. 왕해국과 울릉국화, 털머위, 황금동백 등을 관찰하며 걷다보면 생태여행이라고 해도 손색이 없을 정도다.

　옛길 트레킹은 놀라움의 연속이다. 아름드리 해송 속을 걷는 송림욕과 대나무 터널 속 흙길도 편안하다. 한눈에 내려다보이는 해안, 오징어 배가 들락거리는 항

174

구 등 눈길 가는 곳마다 정다운 풍경들이다. 가파른 곳에 일군 밭을 가로지르는 모노레일까지, 옛길을 걸어봐야 볼 수 있는 것들이다.

트레킹에 딱 맞는 시기는 늦가을. 몸에 땀이 밸 정도의 상쾌함을 간직한 채 울릉도를 속속들이 들여다볼 수 있기 때문이다. 가을 계절병을 어디서 어떻게 떠나보낼까 고민하다가 울릉도를 찾는다. 얼얼한 바닷바람과 조용한 산책길, 옛사람들의 발자취가 남아있는 울릉도 옛길이 안성맞춤일 듯하다.

울릉도 옛길 트레킹 명소

대표적인 트레킹 코스는 도동항-행남해안산책로-행남등대-군청으로 연결되는 옛길(2시간 소요)과 내수전 일출전망대-북면 석포리 구간 옛길(1시간 30분 소요)이다. 이중 도동항-행남등대-군청 구간은 갈 때에는 해안산책로를 이용하고 되돌아올 때는 숲속으로 난 옛길을 걷기 때문에 환상적인 트레킹 코스다.

트레킹의 시작은 도동항. 도동항 좌측해안을 따라 화산암을 깎아 산책길을 만들었다. 자연동굴과 골짜기를 연결하는 교량사이로 해안비경을 감상할 수도 있다. 해안산책길이 끝나는 지점까지는 사진도 찍고 왕해국도 보며 쉬엄쉬엄 40분 거리. 왕해국은 모진 바닷바람에도 11월 말까지 꽃잎을 놓지 않고 있다.

이곳에서부터 행남등대 오르는 길 양편은 털머위 군락지다. 소나무 아래에서 10월~12월까지 꽃을 피우는 털머위는 온 산을 노랗게 물들인다. 꽃이 져도 푸른 잎만으로도 충분한 볼거리다. 늦가을이라도 초소에서 행남등대까지 500여m 산길을 오르다보면 군데군데 노랗게 핀 털머위를 볼 수 있다.

대나무가 터널을 이룬 오솔길을 숨이 찰 정도만큼 오르면 삼거리. 왼쪽이 등대에 들렀다가 가야할 도동군청 가는 길이다. 오른쪽, 등대로 가는 흙길로 들어선다.

죽도와 관음도, 저동항이 한눈에 내려다보이는 전망대는 등대 뒤쪽에 숨어있다. 잘 살피지 않으면 등대만 보고 되돌아가기 쉽다. 행남등대에서 숲길을 통해 도동에 있는 군청까지는 한 시간 거리. 아름드리 해송 사이로 걷는 흙길이 평탄하다. 해안 산책길이 나기 전 행남마을 사람들이 도동항으로 가던 옛길이다. 그 당시 초등학생이든 중학생이든 모두 이 길을 통해 도동에 있는 학교를 다녔다.

10여분 산길을 걷다보면 능선으로 향하는 조금 가파른 길이다. 제법 산행의 묘미를 느끼게 한다. 대나무 터널을 지나 능선에 오르면 도동항의 풍경이 눈앞에 펼쳐진다. 풍경에 욕심을 내서 칼날 능선에 다가서면 위험하다. 도동항에서 독도전망대 반대쪽으로 보이던 톱날능선이 여기인가 싶다. 아래쪽은 수백길 낭떠러지. 보는 것만 해도 아찔하다.

급경사 시멘트 계단을 내려섰다가 다른 능선에 오르면 군청 뒤쪽이다. 이곳에선 마음씨 좋아 보이는 아저씨가 더덕을 팔고 있다. 어떻게 저런 급경사 밭에서 더덕

 울릉도 산마늘의 이름은 '명이'? _______________________________________

옛길 트레킹에서 만나는 정취

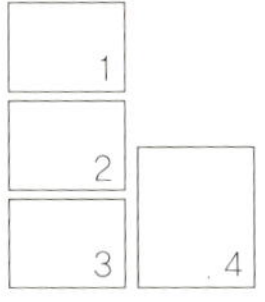

1. 도동항에서 행남등대로 가는 해안산책로.
2 행남등대로 오르는 길목, 털머위군락지.
3. 행남등대에서 도동항으로 가는 옛길.
4. 내수전–석포 구간에서 만난 풍경.

을 생산해낼까. 군청 뒤쪽 산비탈에서도 부지깽이 등 산나물이 자라고 있다. 산을 내려서면 군청 옆길이다.

내수전일출전망대-북면 석포리 6㎞구간도 잘 알려지지는 않았지만 옛길 트레킹 코스다. 울릉도의 마지막 비경이라 할 만큼 아름다운 풍경을 볼 수 있다.

이 산길은 도로가 없던 시절 석포 주민들이 산나물을 지고 도동항으로 넘어가던 옛길이다. 호젓한 게 좋다. 울릉도의 원시에 가까운 숲과 울릉도 자생 식물들을 관찰할 수 있다. 숲 터널 속을 따라 걷기 때문에 무더운 날씨에도 괜찮다.

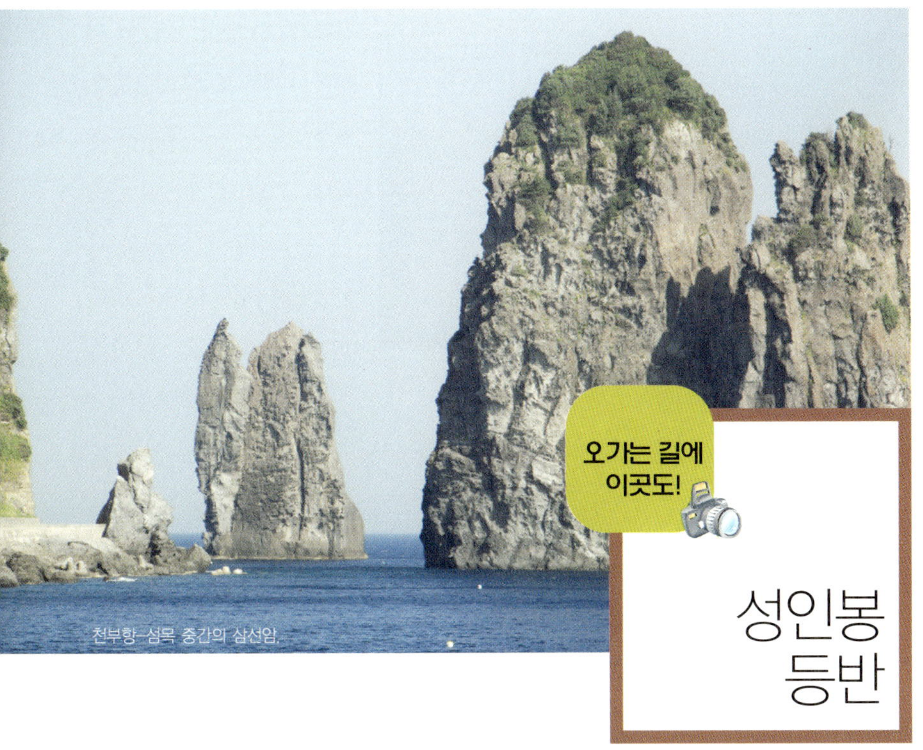

천부항–섬목 중간의 삼선암.

성인봉(984m) 등산은 도동항에서 산행을 시작해 나리분지로 내려온 후 버스로 되돌아오는 것이 일반적이다. 반대코스는 오르막이 심해 힘들다. 도동항 쪽에서의 출발지는 대원사와 KBS중계소, 안평전(사동) 등 세곳. 안평전 코스가 제일 짧아 이곳을 산행 들머리로 잡았다. 도동항~안평전 택시비는 1만5천원.

출발지 삼나물 밭을 지나 10분 정도 걸으면 된비알이다. 이 길을 지그재그로 30여분 올라야 능선이다. 능선에 오르면 육지의 산행과는 확연히 다른 이국적인 맛

성인봉 전망대에서 본 나리분지.

을 느낄 수 있다. 산죽이 터널을 이루기도 하고 울릉도 자생식물과 산나물을 구경하며 산행하는 재미가 쏠쏠하다. 특이한 건 등산로 양쪽에 늘어선 나무들. 회솔나무, 섬황벽나무, 마가목 등 나무둥치가 온통 희다.

능선에 올라 30분 정도 산행을 계속하면 바람등대다. 대원사에서 올라오는 길과 만나는 지점이기도 하다. 정상까지는 다시 쉬엄쉬엄 30여분. 산죽에 둘러싸인 정상엔 '성인봉'이라 써진 정상석만 우두커니 서 있다. 전망도 그리 좋은 편은 아니다. 하지만 실망은 금물. 정상 너머 10여m 내려가면 전망이 확 트인다. 나리분지전망대다. 육지 산 어디에서 이런 풍경을 만날까. 삐죽삐죽 솟은 산으로 둘러싸인 나리분지가 한눈에 들어온다.

 울릉여행에서 빠트릴 수 없는 독도와 죽도 ____________________

울릉도에 왔다면 독도와 죽도는 꼭 다녀와야 할 곳이다. 독도는 동도선착장에 한해 40분 정도 머물 수 있지만 감회는 남다르다.
독도 입도는 1회 470명, 1일 1천880명으로 한정되어 있다. 도동항에서 독도까지 87.4km를 매일 운항한다. 한겨레호와 씨플라워호가 부정기적으로 울릉도에서 출항한다. 편도 1시간 소요. 삼봉호는 07시와 14시 30분 울릉도를 출발한다.
죽도는 울릉도 부속도서 중 유일하게 사람이 살고 있는 섬이다. 죽도정상에서 울릉도를 한눈에 볼 수 있다는 것이 장점. 울릉도만이 가진 천혜의 자연환경을 만끽할 수 있다.
도동출발 10시, 15시. 죽도출발 11시 30분, 16시 30분. 왕복 1만원. 성수기는 증편한다.

정상에서 왔던 길을 10여m 내려와 오른쪽 침목 계단으로 향한다. 나리분지를 향해 가는 길로 가파르다. 10여분 내려서면 샘이 있는 쉼터가 있고 본격적인 원시림 지역이 시작된다. 성인봉 원시림에는 너도밤나무, 섬단풍, 우산고로쇠, 섬피나무 등 울릉도에서만 나는 나무와 고비, 고사리 등의 양치식물, 산나물 등이 빽빽하다.

"대마도는 본시 우리나라 땅", 독도박물관 가는 길에 있다.

다시 쉼터가 있는 뻽재이등대를 지나면 다시 급경사 내리막이다. 무릎에 무리가 간다 싶으면 계곡이고 10여분 더 내려가면 '신령수'라는 샘터다. 구멍이 뚫린 화산암에서 물이 쏟아져 내린다.

나리분지까지는 2㎞. 천천히 주변 식물과 나무들을 관찰하며 나리분지까지 30여분 내려가면 된다. 섬바디, 회솔나무, 섬황벽나무, 말오줌나무, 섬백리향……. 입간판에 써있는 식물 이름들이 독특하다.

승용차가 있으면 나리분지에서 나와 천부항에서 섬목까지는 꼭 가봐야 한다. 바닷물이 그렇게 맑을 수가 없다. 가다가 중간쯤에 있는 석포리도 올라가보면 좋다. 길이 험하지만 산위에서 내려다보는 풍경이 기막히다.

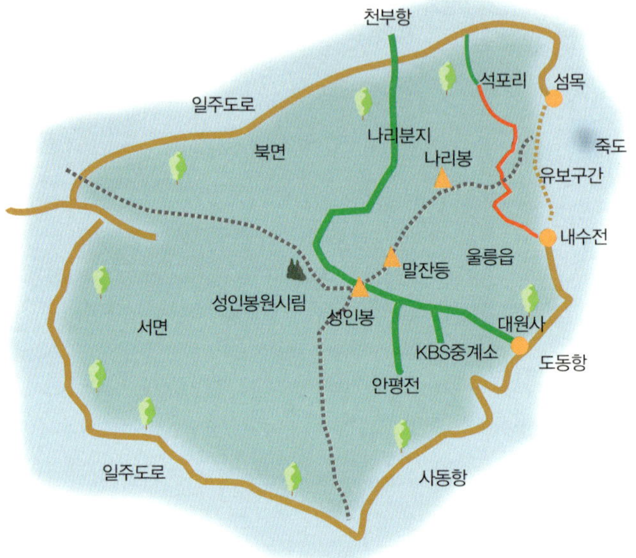

포항-울릉(217㎞)보다 묵호-울릉(161㎞)이 더 가깝다. 묵호-울릉 간 씨플라워호가 부정기적으로 운행하기도 한다.

썬플라워호_ 포항에서 매일 10시 출항, 울릉에서 매일 15시 출항. 편도 3시간 소요. 054)242-5111~5(대아여객 포항터미널).

독도페리호_ 성수기(4월15일~8월31일)는 포항에서 매일 23시 40분 출항해 다음날 05시 40분 울릉도에 입항. 10시 울릉출발, 16시 포항 도착. 비수기는 짝수일 포항출항, 홀수일 울릉 출항. 054)254-1700(〈주〉가고오고 포항사무실).

한겨레호_ 묵호에서 매일 10시 출항, 울릉에서 매일 16시 30분(독도 운항 시 17시30분) 출항. 2시간 30분 소요. 033)531-5891(대아여객 묵호터미널).

안내전화

울릉여객선터미널=054)791-0801~3.

울릉도 일주 유람선 해상관광=054)791-4468, 4488, 7010(울릉
유람선협회). 육로관광 버스=054)791-2179(우산버스).

울릉군 관광안내센터=054)790-6454.

추천코스

울릉도 여행은 대개 2박 3일이지만 빠듯하다. 제대로 보내자면 꼼
꼼한 일정이 필요하다. 10시에 포항에서 출발해 도동항에 도착하면
오후 1시 10분. 당일 성인봉 등반에 나서는 것이 시간을 절약하는
길이다. 바로 점심 식사 후 택시를 타고 가장 짧은 코스인 안평전으
로 향한다. 안평전–성인봉 정상–나리분지 순수 산행시간은 3시간
30분. 독도전망대 쪽과 행남등대까지의 산책은 왕복 1시간 30분이
면 충분하므로 울릉도 출발당일 자투리시간을 활용하면 좋다.

맛

울릉도에선 홍합밥을 먹어봐야 한다. 군청 옆의 보배식당(054-
791-2683)이 이름난 곳이다. 주문을 받고 준비를 하기 때문에 30
분 정도 시간이 걸린다. 홍합밥 1만원. 홍합죽 1만2천원. 도동리의
99식당(054-791-2287)은 따개비밥 등 한식 전문이다.

전날 술 때문에 고생했다면 오징어내장탕(7천원)이 좋다. 이름과는
달리 깔끔하면서도 시원한 맛이 해장국으로는 그만이다.

꽁치가 나는 철이라면 꽁치물회도 특별한 맛이다. 저동항의 기사식
당(054-791-0110) 등에서 맛볼 수 있다. 한그릇 1만원.

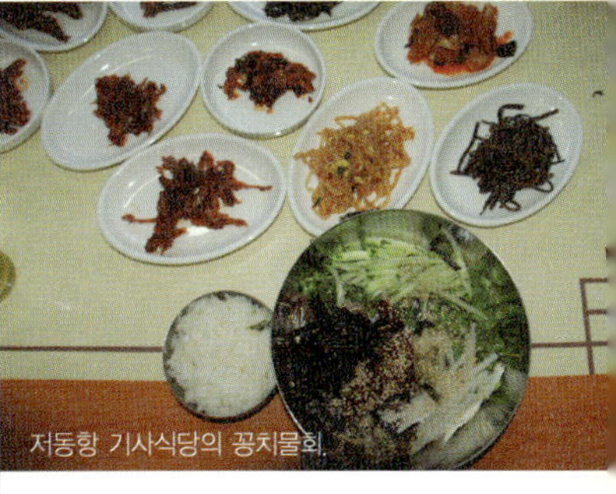

저동항 기사식당의 꽁치물회.

잠

울릉군 홈페이지(www.ulleung.go.kr)에 들어가 호텔, 여관, 민박
정보를 찾으면 된다. 울릉대아리조트는 비수기 2인 1실 기준 9만5
천원부터. 여관 3만~5만원.

014

욕심을 버리고 분수를 알라,
청송 주왕산 기암

치색(緇色)은? 치(緇)는 원래 검다는 뜻을 나타낸다. 먹으로 물을 들일 때 농도에 따라 검은 색이 되기도 하고 회색이 되기도 한다. '치'는 또 검은 물을 들인 중의 옷을 나타내기도 한다. 승복에서 드러나는 은은한 잿빛은 아무런 가공을 하지 않은 자연의 색이다. 주왕산을 대표하는 바위는 치색 기암 이다. 장군암에 오르면 자연 그대로의 바위산 모습을 완전히 드러낸다.

기암(旗岩)이 단순한 기암(奇岩)이 아님을 산을 오르지 않고는 알지 못한다.
숨이 턱까지 찰 만큼의 오르막을 오른 사람에게만 자신의 모습을 오롯이 보여준다.
억척스런 삶을 보고 싶거나, 제 분수를 알고 싶거나,
세상사 업보를 다 벗어던지고 싶다면 장군봉에 올라 기암을 볼 일이다.

주왕산 입구에 들어서자마자 바로 눈에 들어오는 뫼 산(山)자 형상의 바위가 기암(旗岩)이다. 이 바위 건너편에 있으면서 쌍벽을 이루는 바위는 장군암. 기암을 보기 위해 장군암을 오른다. 아직 잘 알려지지 않은 코스다.

▲환경부 보호식물 '둥근잎꿩의비름'
▲▲장군암을 오르다 바라본 기암.

길은 가파르다. 오를수록 낭떠러지는 깊어지고 앞쪽의 기암은 더 또렷하다. 수직절벽 군데군데에 소나무와 회양목이 아무렇지도 않은 듯 뿌리를 내리고 있다. 얼마나 오랜 기간 동안 절벽에 붙어있었을까. 생명력이 놀라울 뿐이다.

기암의 풍경에 취해 있다가 자칫 '둥근잎꿩의비름'의 아름다움을 놓칠 수 있다. 환경부 보호식물로 지정된 둥근잎꿩의비름은 발 앞의 바위틈에 뿌리를 박고 있다. 뿌리가 약한 만큼 절대 한 뼘 이상 자라지 않는다. 제 분수를 너무 잘 아는 탓이다. 볼수록 대견한 이 식물을 어떻게 이름 모를 들꽃이라고 하겠는가.

장군암 전망대에 서면 기암이 한눈에 들어온다. 아래에서 보던 모습과는 비견할 수 없다. 첫눈에 탄성이 쏟아진다. 기암을 둘러싸고 있는 암벽은 천연 요새처럼 웅장하다. 아래쪽에서 봤을 때 네개였던 봉우리는 아홉개로 늘어난다. 기암(旗岩)이 단순한 기암(奇岩)이 아님을 산을 오르지 않고는 알지 못한다. 숨이 턱까지 찰 만큼의 오르막을 오른 사람에게만 자신의 모습을 오롯이 보여준다.

장군암에 올라 분수를 배운다. 기암의 절벽에 몸을 맡긴 소나무와 바위틈에 뿌리내린 둥근잎꿩의비름은 왜 욕심을 버려야하는지를 말없이 보여준다. 억척스런 삶을 보고 싶거나, 제 분수를 알고 싶거나, 삶에 지쳐 세상사 업보를 다 벗어던지고 싶다면 주왕산 장군봉을 오를 일이다. 기암의 비경을 간직하고도 놀라울 만큼 한적하다는 것도 매력이다.

장군암에서 보는 기암

보통 주왕산 장군암을 장군봉으로 부른다. 하지만 진짜 장군봉은 장군암에서 20여분 능선길을 더 올라야 한다.

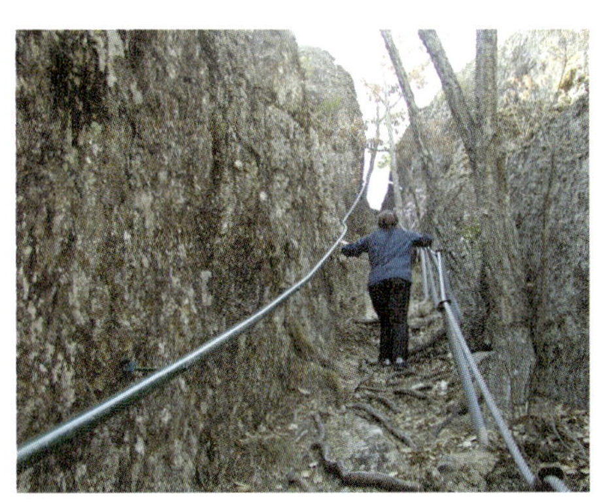

장군암을 오르는 가파른 길.

장군봉 코스는 주왕산의 숨겨진 트레킹코스다. 이상하다싶을 정도로 한산하다. 산꾼들조차도 대부분 대전사-주왕산-칼등고개 쪽을 택하기 때문이다. 장군봉 코스는 장군암-장군봉-월미기-금은광이를 거치는데 수시로 변하는 기암의 모습을 볼 수 있다는 점이 매력이다.

달기폭포.

출발은 광암사다. 주방천-제3폭포에 이르는 길 대신 대전사를 지나 왼쪽 구름다리를 지난다. 광암사 앞쪽에서 왼쪽 가파른 길을 40여분 올라야한다.

광암사에서 장군암을 오르는 길은 가파르다. 아이들에겐 다소 벅찰 듯하다. 가끔 기암을 뒤돌아보며 쉬엄쉬엄 오르는 것이 좋다. '둥근잎꿩의비름'은 바위협곡 사이로 놓인 철제사다리 아래쪽 바위에 자리 잡고 있다. 주왕산에서 자생하는 이 식물은 무분별한 채취로 멸종위기에 몰려 환경부에 의해 보호식물로 지정됐다.

철제사다리를 올라서면 전망이 확 트인다. 장군암에 올라선 것을 실감할 수 있다. 발아래 돌이 미끄러워 조심해야 한다. 기암을 바라보다 바로 뒤돌아섰을 때 산 정상부분에 있는 바위가 혈암이다. 이름 때문일까? 멀리서 봐도 바위에 붉은 기가 어린 듯하다.

장군암에 올라 기암의 절경을 감상하고는 되돌아 내려와도 좋다. 되돌아오기 아깝다면 장군암을 거쳐 월미기삼거리에서 광암사로 내려와도 된다. 총 트레킹 시간은 2시간 30분 정도다. 장군암부터는 완만한 능선길이다. 키가 낮은 소나무 숲길을 걷는 재미도 괜찮다.

 국립공원 해설 프로그램

요즘 국립공원마다 독특한 공원해설프로그램을 마련해두고 있다. 사전에 미리 예약해두고 가면 많은 도움이 된다. 이 프로그램은 국립공원의 자연, 역사, 문화자원에 대한 이야기와 자연관찰 등을 즐겁게 체험할 수 있도록 마련된 탐방프로그램이다. 1시간 내외에서부터 2~3일 까지 전국 국립공원에서 200여개의 다양한 주제를 갖추고 있다.
주왕산의 경우 장군봉 코스 생태탐방(4시간 30분) 뿐 아니라 주산지 곤충해설 이야기(1시간~2시간). 주왕전설과 함께 하는 생태여행(1시간30분), 주왕산 탐방안내소 해설(30분~1시간) 등을 마련해두고 있다.
예약=주왕산국립공원 홈페이지(http://juwang.knps.or.kr).
문의=054)873-0014(국립공원관리공단주왕산사무소).

　월미기삼거리에서 금은광이삼거리를 거쳐 너구마을로 하산해도 된다. 월미기삼거리-금은광이삼거리는 1시간, 금은광이삼거리-너구마을 1시간, 너구마을-월외리임시매표소까지는 1시간 30분을 더 걸어야 한다.

　너구마을에는 여덟 가구 주민이 살고 있다. 이곳에서 월외리임시매표소까지는 3.4km. 이 구간은 주왕산에서 하산하는 등산객을 빼고는 사람들이 많지 않아 한산하다. 그래도 매표소 입구에서 마을사람 이외에는 차량을 통제하고 있다. 실망하긴 이르다. 이곳이 계곡을 따라 걷는 재미가 제법 쏠쏠하기 때문이다. 너구마을에서 1.5km 정도를 가면 달기폭포(월외폭포)가 있어 지루하지 않다. 너구마을에서 폭포까지의 계곡이 트레킹코스로 좋다. 길옆의 계곡물이 너무 맑아 물고기조차 없다. 그냥 텀벙텀벙 물속을 걷고 싶은 유혹이 인다.

　주방계곡의 제1폭포가 여성스러운데 비해 높이 11m의 이 폭포는 시원한 물줄기를 뿜어내 늠름한 남성적인 모습이다. 폭포 옆의 교량은 태풍 루사 때 유실됐다가 2003년 복구한 것이다. 이 교량 뒤쪽에도 실폭포가 있다. 달기폭포에 비해 가늘게 실낱같이 떨어지는 물줄기가 애처롭다.

　월외매표소에서 달기약수까지는 약 3km다.

주왕산에서 트레킹코스라면 절골도 빠지지 않는다. 왕복 3시간 거리인 절골에서 대문다리 구간은 더 한산하다. 그동안 접근하기가 어려워 알려지지 않았으나 입구의 주산지 덕분에 요즘은 등산객들이 간간이 찾아온다. 인공시설물이 거의 없어 자연상태의 절경을 느끼며 걸을 수 있다. 대문다리까지는 완만한 계곡길로 트레킹에 그만이다.

주왕산국립공원탐방안내소 직원들도 "경치로 따져도 주왕산에서는 절골이 최고"라며 "가끔 등산객들이 절골을 거쳐 가메봉을 오를 뿐 아직 잘 알려지지 않은 주왕산의 명소"라고 소개했다.

절골매표소를 지나자마자 본격적인 트레킹은 시작된다. 울창한 길 오른쪽으로 물소리가 요란하다. 가만히 귀 기울이면 물소리에 섞여 새소리도 들린다. 절골의 매력은 초입부터 협곡의 비경을 보여준다는 것. 입구 쪽 세군데의 다리만 없다면 원시자연 그대로다. 물줄기를 이리저리 가로지르는 즐거움이 만만찮다. 호젓한 만큼 아직 사람 때를 덜 탔다.

산행이 목적이 아니라면 굳이 대문다리까지 가지 않고 적당한 곳에서 돌아내려 오면 된다. 주산지가 기다리고 있기 때문이다. 영화 〈봄 여름 가을 겨울, 그리고 봄〉의 주무대인 주산지는 절골에서 가깝다. 버스가 다니는 부동면 이전리까지 되 돌아 나왔다가 왼쪽 표지판을 따라 조금만 들어가면 된다.

주산지는 경종 원년인 1720년에 만들어진 농업용 저수지다. 그동안 단 한번도 바닥을 드러내지 않았다. 이런 고마움 때문인지 부동면 이전리 주민들이 매년 두 번 고사를 지낸다. 주산지 둑 입구에는 저수지 축조 당시 고생한 선인들의 공덕을 기리는 비석을 세워 놓았다.

 얼음골이란 지명은 왜 생겼나? ________________________________

절골과 주산지 인근에 얼음골이 있다. 청송군 부동면 내룡리 잣밭골 입구다. 이곳의 웅덩이는 한여름이면 생수를 받으러 온 사람들이 줄지어 서있다. 신기 한 것은 한여름 섭씨 32도 이상만 되면 돌에 얼음이 끼고 32도 이하가 되면 얼음이 녹아 버린다.
청송군은 1999년 웅덩이 왼쪽 바위에 계곡의 물을 끌어올려 만든 62m의 인 공 폭포를 만들었다. 거대한 절벽에서 떨어지는 물줄기는 무더운 여름 날씨마 저 비켜가게 할 뿐 아니라 겨울이면 폭포에는 거대한 빙벽이 형성돼 1, 2월이 면 높이 60m의 빙벽에 매달린 수많은 산악인들의 모습이 장관을 연출한다.

규모는 작다. 길이 200m, 너비 50m, 수심 8m의 아담한 산중호수다. 하지만 주왕산 연봉에서 뻗친 울창한 수림으로 둘러싸여 마치 별천지에 온 것 같이 한적하면서도 아늑한 분위기다. 특히 물속에서 자라는 왕버들 30여 그루가 몽환적 풍경을 보여준다. 이 때문에 이젠 청송여행의 필수코스가 됐다.

물에 잠긴 수령 150~300년이나 된 왕버들이 수채화 같은 아름다운 풍경을 그려낸다. 뿌리와 줄기 일부분은 물속에 두고 잔잔한 수면 위로 솟아있는 버드나무는 태고의 원시성을 느끼게 한다. 사진발을 가장 잘 받는 때는 가을단풍과 함께 수면에 자욱한 안개가 낄 때다.

절골 트레킹.

승용차_ 찾아가는 길이 쉽지는 않다. 서울에서 약 5시간 거리. 중앙고속국도 서안동IC~34번 국도~안동~청송 방면 34번 국도~37㎞~진보면 월전리에서 청송 방면 우회전~31번 국도~914번 지방도~주왕산 삼거리.

대구방면에서는 대구 · 포항고속국도~북영천IC~35번 국도~현서면~현동면~31번 국도를 거쳐 청송~주왕산 상의매표소로 간다. 2시간 소요.

버스_ 동서울터미널에서 주왕산정류소까지 가는 고속버스가 하루 6회 있다. 4시간 10분 소요. 대구 동부시외버스터미널에서는 주왕산행(소요시간 2시간 50분)과 청송행(소요시간 2시간 30분)이 있다.

시내버스_ 청송버스정류장(054-873-2036)에서 주산지와 절골행 (30분 소요) 버스가 1일 7회(07:50, 09:20, 11:50, 12:40, 13:50, 16:00, 17:25) 왕복한다. 청송읍에서 달기약수탕을 거쳐 월외매표소까지는 하루 4회(7:00, 9:15, 13:35, 18:10) 왕복.

안내전화

청송군 문화관광과=054)870-6236.
국립공원주왕산사무소=054)873-0014~5. 주왕산버스터미널 =054)873-2907. 송소고택=054)873-0234~5.

추천코스

서울에서 출발한다면 첫날은 송소고택에 여장을 풀고 오후에 장군봉 트레킹 후 주산지까지 돌아본다. 이튿날은 오전에 진보에서 청송전통옹기(054-874-3362) 만들기를 체험하고 안동으로 향한다. 오후는 안동의 봉정사-하회마을-병산서원을 함께 돌아보고 서안동IC에서 중앙고속국도를 타면 시간절약이 가장 잘 되는 동선이 된다.
대구에서는 하루코스도 가능하다. 첫 목적지는 주산지. 이후 코스는 절골트레킹-송소고택-진보 전통옹기체험. 진보에서는 안동을 거쳐 남안동IC에서 중앙고속국도를 타면 된다.

맛

달기약수탕과 신촌약수탕 인근 식당에서 내놓는 토종닭백숙이 별미다. 달기약수탕은 청송읍에서 동쪽으로 약 3㎞ 떨어져 있다. 이곳 닭백숙은 철분 함량이 많은 약수가 닭의 지방을 제거해 주어 맛이 담백하다. 소화가 잘 되어 위의 부담을 덜어주기도 한다. 약수에 닭을 넣고 인삼, 황기, 감초, 대추, 녹두 등을 함께 넣어 푹 곤다. 닭이 익으면 닭은 건져내고 국물에 쌀을 넣고 죽을 쑨다.

잠

99칸 송소고택에서 전통한옥체험을 하는 것이 낫다. 송소고택은 조선 영조 때인 1880년 경 지은 99칸 건물이다. 한옥체험과 다양한 프로그램이 준비되어 있다.

송소고택

달기약수탕의 닭백숙

015

신라의 밤 신라인의 달,
경주 신라달빛역사기행

남색은? 해가 지고 어둠 속에서 달빛역사기행이 시작될 즈음, 경주의 밤하늘은
남색이었다. 손에 든 백등의 황색빛도 이 남색을 이겨내진 못했다. 이때
비로소 처음 알았다. 밤은 결코 어두운 검은색이 아니란 걸. 깊고 깊은
밤. 어둠을 불러들이는 걸까. 아니면 어둠을 걷어내려는 걸까? 남색 밤
하늘, 경주의 밤하늘은 국악소리와 함께 그렇게 깊어간다

운치있는 신라의 달밤, 한밤 중 달빛을 따라 가며
신라천년의 문화재를 찾는 여행은 낭만이다.
신라천년의 옛 왕궁터로, 전설이 깃든 계림으로,
첨성대로, 외롭게 탑이 서있는 한밤중의 사찰로…….

첨성대에서의 탑돌이.

달빛이 밝은 분황사 삼층 모전석탑. 백등을 든 사람들이 모여든다. 먼저 자
리를 잡은 국악단이 은은한 국악공연으로 분위기를 더한다. 탑 주위는 순식간
에 몰려든 수십개의 백등으로 가득 찼다. 그리고 곧 이은 탑돌이. 무엇을 저리

계림에서의 풍물놀이.

기원할까. 소원을 적은 백등을 살펴봤다. '가족건강', '사업번창', 한 초등학생의 '의사가 되게 해주세요.'라는 구체적인 기원까지……, 철사로 틀을 만들고 한지를 붙여 만든 백등에 각자의 소원이 빼곡하다.

덩달아 소원을 적은 백등을 들고 분황사 탑을 돈다. 한 바퀴, 두 바퀴…….

몇 바퀴를 돌아야 소원이 이뤄질까? 하지만 탑돌이를 하며 굳이 소원을 빌지 않아도 된다. 달빛 아래에서, 백등의 불빛 아래에서 조용하게 나 자신을 돌아볼 수 있다면 그만이다.

문득 어둠 속에서도 우뚝 서 있는 분황사 탑을 바라본다. 탑돌이에 정신을 뺏겨 보름달 달빛 아래 고고하게 모습을 드러낸 분황사 탑의 아름다운 모습을 놓칠 뻔했다. 탑돌이를 마치면 본격적인 전통국악공연 시간. 아쟁과 거문고, 북, 꽹과리 등의 어울림이 은은하면서도 때론 청아한, 때론 속시원한 향연을 토해낸다.

 왜 탑을 돌까? ────────────────────────────────────

예부터 석가 탄생일인 사월 초파일이 되면 각 가정과 절에서는 등을 만들어 달고 불전(佛殿)에서는 큰 제가 올려졌으며 절의 마당에서는 탑돌이가 행해졌다. 처음에는 순수한 불교의식으로 시작된 것이 차츰 일반적인 민속행사로 확대되었다.

속리산 법주사에서는 먼저 중앙에 있는 팔상전 주변에서 부처에게 공덕을 빌고 목탁소리와 함께 탑돌이 노래가 시작된다. 신도들은 염주를 손에 들고 승려의 인도에 따라 서서히 팔상전을 돌기 시작한다. 한 바퀴 돌아 제자리에 오면 탑제를 올리고 각자의 축원을 드린다. 제가 끝나면 다시 본격적인 탑돌이가 시작된다.

분황사 탑돌이와 국악공연.

　신라의 달밤은 이래서 운치가 있다. 어디서 이런 멋을 볼 수 있으랴. 해설이 있는 유적지 여행과 달빛 아래에서의 전통국악공연 감상. 한밤 중 달빛을 따라 가며 신라천년의 문화재를 찾는 여행은 낭만이다. 신라천년의 옛 왕궁터로, 전설이 깃든 계림으로, 첨성대로, 외롭게 탑이 서있는 한밤중의 사찰로⋯⋯. 경주가 아니라면 만날 수도, 경험해볼 수도 없는 소중한 추억이다.

달빛 따라가는 역사기행

신라 천년의 고도 경주. 이곳에선 4월부터 10월까지 매월 음력 보름을 전후한 토요일 밤이면 특별한 행사가 열린다. 신라달빛역사기행이다.

행사진행은 신라문화원이 맡았다. 출발은 오후 3시. 낮 시간대엔 문화유산해설사를 따라 유적지를 둘러본다. 매월 테마가 있는 답사코스를 따로 정한다. 행사의 주무대는 월성, 계림, 첨성대, 국립경주박물관을 비롯해 양동마을과 동해 감포의 문무대왕릉, 감은사 터 등이다. 밤 프로그램은 사물놀이에 이은 길놀이, 탑돌이, 국악공연, 강강술래 등으로 대동소이하다.

4월 첫 행사 땐 첨성대와 월성 사이에서 유채꽃밭을 볼 수 있는 행운이 따른다. 이제 막 꽃잎을 틔운 유채꽃 향기는 5월초까지 이어진다. 흰 꽃잎이 지고 연한 보랏빛을 내는 월성 주변의 벚나무와 어울려 그림을 만들어낸다. 8월 행사 땐 이곳은 멕시코산 황화코스모스가 대신한다. 지난 봄 유채꽃으로 노랗게 물들었던 들판이 또 한번 황색 꽃물결로 일렁인다.

월성과 석빙고, 계림을 지나 이른 곳은 경주의 숨겨진 문화유산인 월정교다. 안내간판조차 없어 일반관광객들은 잘 모른다. 월정교는 통일신라 경덕왕 때 조성된 다리다. 왕궁이 있는 월성과 신라의 성지인 남산으로 통하는 연결로였다. 왕과 귀족들이 이용하는 다리여서인지 화려했던 흔적이 곳곳에 남아있다. 1980년대 중반 양쪽 교대(橋臺)와 4개의 교각받침을 발굴했다. 현재 3개의 교각받침도 모래에 묻혀있다. 하지만 안내간판조차 없어 일반관광객들은 이런 역사적인 유물인지조차 모른다.

경주최씨 고택과 경주향교를 거쳐 다시 계림으로 돌아오면 오후 6시 30분쯤.

신 라 천 년 의 문 화 재

1. 계림.
2. 경주향교.
3. 포석정.
4. 감은사지.
5. 황룡사터.

주최측에서 도시락과 백등을 나눠준다. 백등에다 각자의 소원을 적고 신나는 풍물놀이패와 합세한다. 풍물놀이는 첨성대까지의 길놀이로 이어진다. 경주의 밤풍경은 상상외로 볼 만하다. 길놀이패 뒤로 은은한 조명을 받은 유채꽃밭과 월성의 풍경이 환상적이다.

밤 행사는 황룡사터에서 시작되기도 한다. 이때의 길놀이는 황룡사터에서 분황사까지 들판 한가운데서 이루어진다. 백등을 든 긴 행렬이 꼬리를 잇는 장관을 연출한다.

분황사에서의 탑돌이를 마치면 다시 황룡사터로 무대를 옮긴다. 국악공연과 마지막 대미를 장식할 강강술래를 위해서다. 휘영청 밝은 달빛 아래에서, 더군다나 야외에서 듣는 국악연주는 쉬 낭만에 빠져들게 한다. 공연은 듣기만 하는 것은 아니다. 손뼉을 치기도 하고 덩실덩실 어깨춤도 추며 관객 모두가 주인이 되는 시간이다.

마지막은 참가자 모두가 손을 잡고 도는 강강술래. 선창을 따라 강강술래 가락을 소리 높여 외치고, 흥겨운 국악가락에 맞춰 뛰어다니다 보면 어느새 땀에 흠뻑

 디카로 야간풍경 제대로 찍기 --------------------------------

반드시 플래시를 끄고 촬영해야 밤풍경의 제맛이 살아난다. 야간에는 빛이 어둡기 때문에 노출 타임을 많이 줘야 한다. 따라서 카메라를 단단히 고정시키는 것이 필수.
조리개 우선식(A 모드)에서 조리개를 5.6~8 정도에 두고 촬영하면 적정노출이 나올 때까지 카메라가 알아서 셔터를 동조시킨다. 액정화면에 촬영된 사진이 어둡게 보이면 노출 보정모드에서 +1 또는 +2로 설정한 후 같은 방식으로 촬영하면 더욱 밝은 사진이 나온다. 손으로 셔터를 누르면 대부분 떨리기 때문에 반드시 셀프타이머를 사용해야 한다.
수동모드(M)에서 같은 조리개 값에 4초, 6초, 8초식으로 셔터타임을 바꿔가며 촬영하면 더욱 좋은 사진을 얻을 수 있다. (매일신문 사진부 김태형기자)

달빛역사기행의 마지막 하이라이트인 강강술래. 모든 참가자들이 하나가 된다.

젖어든다.

저녁과 교통비, 입장료, 공연비, 백등값을 합쳐 어른 1만7천원. 회원 및 어린이 1만5천원. 문의=054-774-1950(신라문화원, www.silla.or.kr).

경주에서 시작된 달빛기행을 문경에 이어 영덕도 벤치마킹해갔다. 이제 달빛기행은 가족끼리, 연인끼리 달빛아래서 사랑을 만드는 체험상품으로 뜨고 있다. 다양한 이벤트는 덤이다.

■경주 남산 달빛기행

밤에 오르는 경주 남산. 뭔가 특별한 맛과 운치가 있을 듯하다. 답사코스는 매월 달라진다. 탑곡입구에서 출발하면 코스는 갯마을-일천바위-금오정-중창지-탑곡마애조상군이다. 이밖에 통일전주차장에서 출발해 국사골 삼층석탑-금오정-사자봉-순환도로로 돌아오는 코스도 있다.

어느 코스든 밤길 등산이라 위험하기 때문에 노약자와 유아는 참가할 수 없다. 4시간 정도 소요. 남산을 전문적으로 안내하는 가이드가 인솔한다. 매회 선착순으로 50~80명을 접수받는다. 비용은 무료.

문의=054-771-7142

(경주남산연구소, http://kjnamsan.org).

■문경새재 과거길 달빛사랑여행

옛길을 재현한 달빛사랑여행상품이다. 주먹밥 만들어먹기, 짚신 신고 옛길 걷기, 칡즙 마시기, 동동주 맛보기, 약수 마시기, 음악공연 등을 체험한다. 오후 4시 문경새재 야외공연장을 출발해 제1관문에서 제2관문까지 왕복 6km를 돌아오면 오후 9시다.

문화유산해설사가 동행한다. 비용은 입장료, 농특산품교환권, 참가비, 여행자보험 등을 포함해 어른 1만원, 어린이·청소년 8천원. 홈페이지(www.mgmtour.com)에서 미리 예약하고 참가비를 납부해야 한다.

문의=054-550-6393(문경시청 문화관광과).

■동해안 달맞이 영덕 야간산행

영덕군은 영덕읍 창포리 풍력발전단지와 해맞이공원 일대에서 동해안 달맞이 야간산행을 실시한다.

풍력발전기가 들어선 해맞이공원 부근을 도는 야간산행이다. 달빛과 풍력발전기, 동해를 밝힌 오징어잡이배의 장관을 볼 수 있다.

코스는 창포초등을 출발해 풍력발전단지-고산 윤선도 시비-헬기장-등대식당-창포초등. 6km로 약 2시간 걸린다. 전통놀이마당과 경비행기 축하비행, 시낭송 및 경음악 녹음 연출, 추첨권 및 특산물구입 할인권 배부, 냉녹차 시음, 추억의 뻥튀기, 통기타 라이브연주 등 즐길거리가 많다. 일몰시간 1시간 전까지 창포초등학교 운동장으로 가면 된다. 비용은 무료.

문의=054-730-6396(영덕군청 문화관광과).

만큼 더 잘 보이는 곳이다. 가능하면 문화유산해설사의 도움('경주 여행에 도움되는 사이트' 참조)을 받고 미리 인터넷 등에서 자료를 찾는 등 사전준비를 철저히 하고 가면 좋다. 경주엔 문화유산해설을 곁들인 답사여행을 이끄는 단체나 여행사가 많다. 경주시에서 경비 일부를 지원해 무료로 안내를 받을 수도 있다. 수시로 프로그램이 달라지기 때문에 떠나기 전 각 사이트를 한번 훑어보는 것이 좋다. 토, 일요일에 프로그램이 집중되어 있다.

경주여행에 도움되는 사이트

경주시 문화관광과 054-779-6396

http://culture. gyeongju.go.kr

신라문화진흥원 054-746-1950 www.shilla.or.kr

경주남산연구소 054-771-7142. http://kjnamsan.org

신라문화원 054-774-1950. www.silla.or.kr

경주시티투어

연중무휴 1일 4회 운영하는 시티투어는 코스가 다양한 게 장점. 코스별 행선지와 시간은 다음과 같으며 아래 비용 외에 사적지입장요금과 점심은 개별부담이다.

●1코스 답사지는 정보센터-불국사-민속공예촌(신라역사과학관)-분황사-김유신장군 묘-박물관-첨성대-대릉원 등. 오전 8시 30분 출발. 성인 1만2천원, 어린이 8천원.

●2코스 동리목월문학관-석굴암-문무대왕릉-감은사지를 거치며 오전 10시 출발이다. 성인 1만4천원, 어린이 1만원.

●3코스 박물관-통일전-대릉원-김유신장군묘-포석정을 돌아오며 오전 11시에 출발한다. 성인 8천원, 어린이 6천원.

●4코스 포석정-통일전(서출지)-박물관-첨성대-대릉원을 돌아온다. 오후 1시 출발. 성인 7천원, 어린이 5천원.

예약 및 운행업체=천마관광(054-743-6001).

길

경주IC에서 나와서 1.8km를 가면 삼거리. 직진하면 포항·보문단지 방향이고 좌회전하면 경주시내 방향이다. 좌회전해서 2.4km를 더 간다. 네거리를 지나자마자 오른쪽 건물 2층에 (사)신라문화원이 있다. 네거리서 좌회전하면 경주 고속버스터미널이다. 터미널까지는 300m. 승용차는 터미널 앞 강변주차장에 주차를 하면 된다.

추천코스

달빛역사기행은 시작이 오후 3시다. 경주도착도 이 시간에 맞추면 된다. 끝나는 시간은 밤9시 30분쯤. 때문에 1박 2일 맞춤여행을 해야 한다. 아래 경주여행 Tip을 참고로 해서 계획을 세우면 된다.

경주여행 Tip

경주는 다른 어느 지역보다 아는

016

암릉의 스릴 철쭉의 반란, 합천 황매산

연분홍은? 3월 창녕 화왕산의 진달래, 5월 영덕 복사꽃과 합천 황매산의 철쭉…….
연분홍 물결들이다. 하지만 꽃말 때문에 느낌은 확연히 다르다. 진달래
나 복사꽃이 화들짝 놀랄만한 연분홍물결이라면 '당신만을 사랑한다' 는
꽃말을 지닌 철쭉은 어디서 봐도 귀엽고 사랑스러운 연분홍이다. 단, 이
명백한 연분홍도 연인들이 보면 핑크색일 테지만.

암릉산행의 스릴과 붉은 낙원 철쭉밭.
황매산은 두 가지 산행 맛을 한꺼번에 느끼기에 딱 맞는 코스다.
그렇다고 어느 것 하나 소홀하지 않다.
암릉산행 만으로도, 철쭉을 찾는 산행만으로도 모자람이 없다.

봄은 무슨 색일까. 연녹색? 아니다. 합천 황매산(1,108m)의 봄은 붉다. 철쭉 때문이다. 봄이 오른 붉은 흔적을 따라 모산재(767m)를 오른다. 모산재는 황매산을 오르기 위해 거쳐야 하는 바위산이다. 소금강산 같은 수직암벽과 기암괴석으로 이루어져 있다. 그만큼 황매산으로 오른 봄을 좇아가는 등산길도 예사롭지 않다.

철계단을 오르고 나면 다시 밧줄을 타고 오르고……. 바위산 정상에 오를 때까지 긴장의 연속이다. 서두르려 해도 그럴 수 없다. 바윗길은 두 사람이 함께 갈 만큼 넓지 않다. 가만가만 앞사람을 따라갈 뿐이다. 자칫 녹록하게 보고 서둘다가는 위험에 빠진다. 그래서 모산재를 오르는 길은 인생을 닮았다.

신기하리만큼 수직암벽에 뿌리를 내린 소나무가 부지기수다. 바위 틈새에서 어렵게 꽃을 피워낸 철쭉도 드문드문 있다. 이들은 흙이 없다고 탓하지 않는다. 뿌리는 말없이 바위 속으로 파고들 뿐이다. 이들은 바람에 견디기 위해 키를 키우지 않는다. 대신 누워서 큰다. 자기를 낮춰야만 살 수 있는 환경을 잘 안다. 주어진 분수에 맞게 스스로 만족하며 살아간다.

모산재에 올라서서는 반드시 심호흡으로 마음을 진정시켜야 한다. 이때까지 암릉의 스릴을 맛봤다면 이제부터는 철쭉의 향연을 지켜봐야 하기 때문이다. 모산재를 지나면 딴판이다. 바위는 간 곳 없다. 붉은 물감을 뚝뚝 떨어뜨리고 지나간 듯 군데군데 철쭉이 반긴다. 하지만 능선에 올라선 순간 "아!" 탄성이 쏟아진다. 바윗길을 오르느라 팽팽히 긴장했던 몸과 마음이 한순간에 탁 풀어진다. 왈칵 울음이

 **철쭉과 진달래의 구분** --------------------------------------

진달래와 철쭉, 산철쭉은 모두 진달래과 진달래속에 속하는 비슷한 식물들이다. 그만큼 구분이 어렵다. 간단하게 구별하는 방법이 있다. 진달래는 꽃이 먼저 피고 꽃이 지면서 잎이 나온다. 반면 철쭉은 잎이 먼저 나오고 꽃이 핀다. 잎이 없이 핀 것은 진달래, 꽃과 잎이 같이 있는 것은 철쭉이다. 철쭉은 진달래와 달리 상록이며 잎이 두껍고 윤기가 있다.
더 큰 차이는 독성의 유무다. 진달래는 먹을 수 있어 '참꽃'이라고 부르지만 철쭉은 먹지못하는 꽃이라 해서 '개꽃'으로 부른다. 진달래 꽃은 분홍색(가끔 흰꽃도 있다)이고 철쭉은 붉은색에 가까운 꽃이 핀다. 개화기는 진달래가 3~4월, 철쭉은 5~6월이다.

라도 쏟아질 것만 같은 분홍의 물결. 모산재에서 단단히 마음을 진정시키지 못했다면 몸을 주체할 수 없을 판이다. 철쭉 터널을 지나면서도 울렁거리는 가슴을 진정할 길이 없다. '당신만을 사랑한다' 는 꽃말 때문이리라.

암릉에 긴장한 마음 철쭉에 무장해제

암릉산행의 스릴과 붉은 낙원 철쭉밭. 황매산은 두 가지 산행 맛을 한꺼번에 느끼기에 딱 맞는 코스다. 그렇다고 어느 것 하나 소홀하지 않다. 암릉산행 만으로도, 철쭉을 찾는 산행만으로도 모자람이 없는 곳이다.

두 가지 산행 맛을 즐기기 위한 출발점은 합천댐 쪽. 댐에서 2㎞ 정도 가면 대병

황매산 목장지대.

이다. 왼쪽으로 황매산군립공원 표지판이 있다. 이곳서 7㎞. 주차장을 지나 바람
흔적미술관 쪽으로 더 들어가면 왼쪽에 모산재식당이 있다. 식당 옆 주차장에서
내려 표지판을 따르면 된다. 영암사지 직전에 왼쪽 산길을 오르면 황포돛대바위
쪽으로 올라갈 수 있다.

　10분쯤 소나무 숲길을 오르면 전망이 트이고 바위들이 모습을 드러낸다. 예사
롭지 않다. 앞쪽의 암릉이나 수직바위에만 신경 쓰다 보면 몇 가지 경치를 놓칠 수
있다. 눈앞 바위틈에 뿌리내린 철쭉이 신비롭다. 20㎝ 남짓에 불과한 철쭉이 꽃망
울을 터뜨렸다. 식물원의 분재로도 이처럼 경이로운 모습을 담아내지를 못한다.

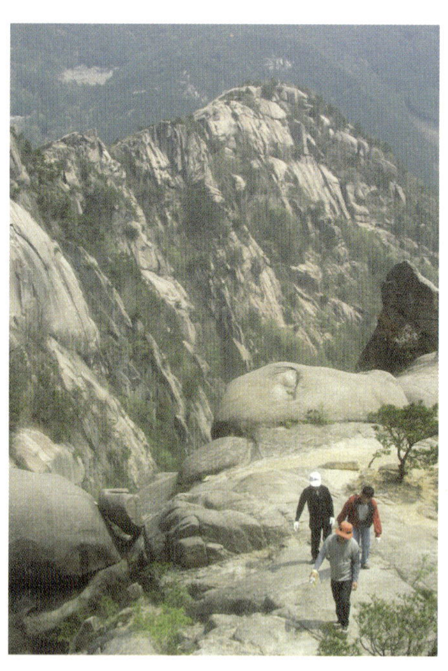
모산재 정상을 향해.

때때로 뒤돌아보면 발아래 풍경도
만만찮다. 계단식 논밭이 강원도 산
골마을 같다.

　모산재식당에서 한 시간쯤 오르면
철계단이 나타난다. 수직계단을 올
라 20여분 더 가면 막힘이 없이 펼쳐
지는 전경이 발길을 잡는다. 우리나
라 제일의 명당자리인 무지개터다.

　철쭉군락지는 이곳에서 10여분을
더 가면 나타나는 모산재 정상에서
황매산정상 쪽으로 25분 정도 더 산
행을 해야 한다. 내리막 한번, 오르
막 한번이면 닿지만 녹록하게 볼 수

210

순결바위.

하산하는 길.

없다. 이미 모산재를 오르느라 힘을 쓴 상태다. 그래도 길옆으로 제법 많은 철쭉들이 꽃을 피웠다. 가끔씩 마주치는 흰 철쭉도 반갑다.

오르막을 올라 나무그늘이 없어질 무렵이면 철쭉군락지다. 황매산 철쭉은 4월 말에도 제법 꽃망울들이 제 색깔을 낸다. 은은하게 분홍빛이 도는 이맘때의 황매산도 독특한 분위기를 낸다. 절정기는 5월 5일 어린이날부터 5월 중순 사이. 이때쯤이면 한바탕 난리굿판을 벌이는 철쭉의 향연을 볼 수 있다. 큰 나무 하나 없이 산 능선 전체가 분홍빛이라면……. 상상만으로도 가슴이 뛴다.

철쭉군락이 정상부근의 드넓은 목장지대까지 뒤덮어 고산 화원을 이뤘다. 능선 위쪽까지 철쭉의 잔치는 계속된다. 하지만 황매산의 철쭉은 이곳뿐이 아니다. 황매봉을 오르는 가파른 길로 올라서면 또 하나의 철쭉바다다. 시간을 내서 오를 만하다.

하산은 모산재까지 되돌아와서 순결바위를 거쳐 영암사 터로 내려서는 것이 좋다.

모산재 식당(10:20)-영암사 바로 직전에서 좌측 산길(10:25)-10분 오르면 전망이 트이고 바위가 모습 드러내-철계단(11:15)-무지개터(11:35)-모산재(11:44)-철쭉군락지(12:10)-철쭉군락지 출발(12:44)-모산재(13:04)-순결바위(13:45)-영암사지(14:20). 왕복 산행거리 5.3㎞. 소요시간 4시간.

합천호 아침 물안개.

바람흔적미술관, 합천호

황매산 산행의 끝은 영암사 터다. 신라시대 고찰인 영암사지는 주춧돌로 봐서 꽤 큰 절터였음을 알려준다. 금당지 등 건물터가 1,000년의 세월을 말없이 증언해 주고 있다. 보물로 지정된 쌍사자석등, 삼층 석탑, 귀부는 아직까지 위엄을 잃지 않고 있다.

바람흔적미술관(경남 합천군 가회면 중촌리)이 지척에 있어 그냥 돌아가기엔 아깝다. '바람'을 찾아 떠나는 여행은 어떤 것일까? 이곳에선 진짜로 '바람의 흔적'을 만날 수 있다. 옹기종기 양철 바람개비 20여개가 건물 앞 잔디밭에서 돌아가고

바람흔적미술관.

있어서다. 바람개비와 함께 몇몇 조각품들도 전시되어 있다. 이 미술관은 지난 1996년 설치미술가인 최영호 씨가 지었다. 바람개비도 그의 작품이다. 하지만 4년 전에 주인이 바뀌었다.

건물 2층은 셀프찻집이 있는 쉼터다. 커피, 녹차 등을 직접 끓여 마시고 찻값은 알아서 절구통에 넣으면 된다. 관리인이 한방차인 '미친(美親)차'를 내놓기 위해 요즘은 상주하고 있다. 하지만 미술관 규모는 작다. 볼거리도 그리 많지는 않은 편. 그래도 미술관 마당에 서면 모산재의 풍경이 한눈에 들어와 시원하다. 휴일이면 승용차로 꽉 찬다.

산행의 피로는 합천호반의 상쾌함에 접어들어 풀면 된다. 바람흔적미술관에서

 황매산은 왜 영화, 드라마 촬영지로 각광받나? ____________________

영화 〈단적비연수〉와 〈태극기 휘날리며〉, 드라마 〈주몽〉과 〈서울 1945〉. 황매산 일대에서 촬영된 영화와 드라마다. 황매산이 어떤 매력이 있어서일까? 황매산 정상에 오르면 지리산과 덕유산, 가야산이 한눈에 보인다. 합천호도 눈앞에 있는 것처럼 가깝게 보인다. 봄이면 철쭉이, 가을이면 억새가 온 산을 뒤덮는다. 이 때문에 황매산이 촬영지로 각광을 받고 있다. 산청군은 황매산에 영화 〈단적비연수〉 주제공원을 조성했다. 영화에 사용된 억새집과 통나무집 30여 채를 복원해뒀다. 합천군도 합천댐 아래쪽에 영상테마파크를 조성하고 〈태극기 휘날리며〉와 〈서울 1945〉 세트장을 관광 자원화하고 있다.

〈태극기 휘날리며〉 세트장.

214

영암사지 쌍사자석탑.

황매산입구인 대병으로 되돌아 나와 삼거리서 합천댐 쪽으로 우회전하지 말고 거창·봉산 쪽으로 직진한다. 1989년 준공된 합천댐의 드라이브가 시작되는 곳이다.

호수는 협곡을 따라 긴 모양으로 끝없이 이어진다. 오히려 탁 트여 광활한 소양호보다 더 매력 있다. 산줄기에 감춰진 호수는 끝인가 싶으면 다시 나타나 다른 골짜기로 구불구불 이어진다. 합천에서 댐을 지나 보조댐, 용문정, 회양관광지, 새터관광지, 봉산대교로 이어지는 댐 일주도로는 봄철 백리벚꽃길로 알려진 만큼 낭만적인 드라이브 코스.

봉산대교에서 묘산 쪽으로 가다 권빈삼거리서 우회전하면 합천으로 가는 1034번 지방도다. 이곳에서 계산리까지가 드라이브의 하이라이트. 꼬불꼬불 구비를 돌때마다 합천호의 다른 풍경이 반긴다. 계산리 앞쪽 호수는 새벽 물안개도 좋지만 흐리거나 비오는 날도 분위기가 괜찮은 곳이다. 이곳은 경치 좋은 곳에 으레 있을 법한 여관도 보이지 않아 더 운치 있다. 신천동 승강장에서 합천 쪽으로 바로 가지 말고 우회전해 동네를 지나 비포장도로가 나타나는 곳까지 가볼 만하다.

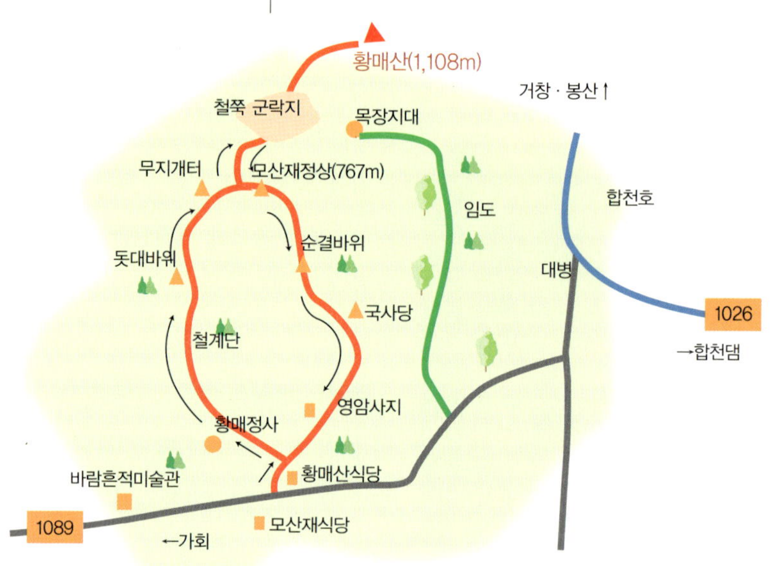

합천 황매산 가는 길

서울방향이든 부산방향이든 일단 대구를 경유해 찾아가는 편이 쉽다. 대구 화원IC~88고속국도~고령IC에서 나와 고령 · 합천쪽 좌회전~700m 가서 합천 · 해인사 쪽으로 좌회전~3㎞ 진행 후 귀원삼거리서 33번국도 진주 · 합천 방향(오른쪽은 거창 · 묘산 방향 26번 국도)~귀원삼거리서 합천까지 19㎞~합천시내~합천댐~2㎞ 정도 가면 대병~대병에서 황매산군립공원 표지판 따라 좌회전~2㎞ 더 가면 삼거리~오른쪽방향 5㎞면 황매산~첫번째 주차장을 지나치고 저수지를 지나면 왼쪽에 모산재 식당이 있고 그 옆에 주차장이 있다. 화원IC에서 황매산 입구까지 승용차로 1시간 30분 거리.

안내전화

합천군 문화공보과=055)930-3171.

바람흔적미술관=055)933-4476.

추천코스

황매산 철쭉군락지를 올랐다가 하산하는 길은 일부러 모산재를 통과하도록 잡는다. 암릉산행의 묘미가 대단하기 때문. 철쭉만 보려면 철쭉군락지 바로 아래 목장터까지 승용차가 올라갈 수 있다.

합천시내를 통해 황매산으로 들어갔다면 하산해서 돌아오는 길은 달리할 만하다. 합천호를 끼고 도는 꼬불꼬불 길이 드라이브코스로 좋다. 황매산입구인 대병에서 봉산대교까지 25㎞로 산행의 피로를 잊기에도 그만이다. 봉산대교 10㎞ 전에 삼거리서 우회전해야 한다. 봉산대교를 건너 우회전해 고령까지 국도를 이용하고 고령에서 88고속국도를 타면 된다.

여기도!

영암사지_ 모산재에서 암릉을 타고 순결바위 쪽으로 하산하면 영암사터다. 이곳에는 보물로 지정된 문화재 3점이 있다. 영암사지 쌍사자석등과 영암사지 삼층석탑, 영암사지 귀부다. 쌍사자석등 아래 하나의 돌로 타원형으로 만든 계단이 아름답다.

맛

합천의 맛은 토종흑돼지다. 황매산 입구인 대병을 지나자마자 나타나는 회양관광지 내에 있는 황강호식당(055-933-7018)은 합천토종흑돼지 전문점이다. 두껍게 썰어온 생고기에 왕소금을 뿌려 숯불에 구워먹는다. 1인분 6천원. 1인분만 먹어도 배가 부르다. 신김치를 석쇠에 구워 고기를 싸먹는 맛이 일품이다.

회양관광지를 지나 조금 더 가면 왼쪽에 고가송주식당(055-933-7225)이 있다. 송씨집안의 전통주인 '고가송주'를 맛볼 수 있다. 솔잎과 쑥이 재료이기 때문에 향기가 좋다. 직접 만들어 내는 두부와 묵채가 별미다.

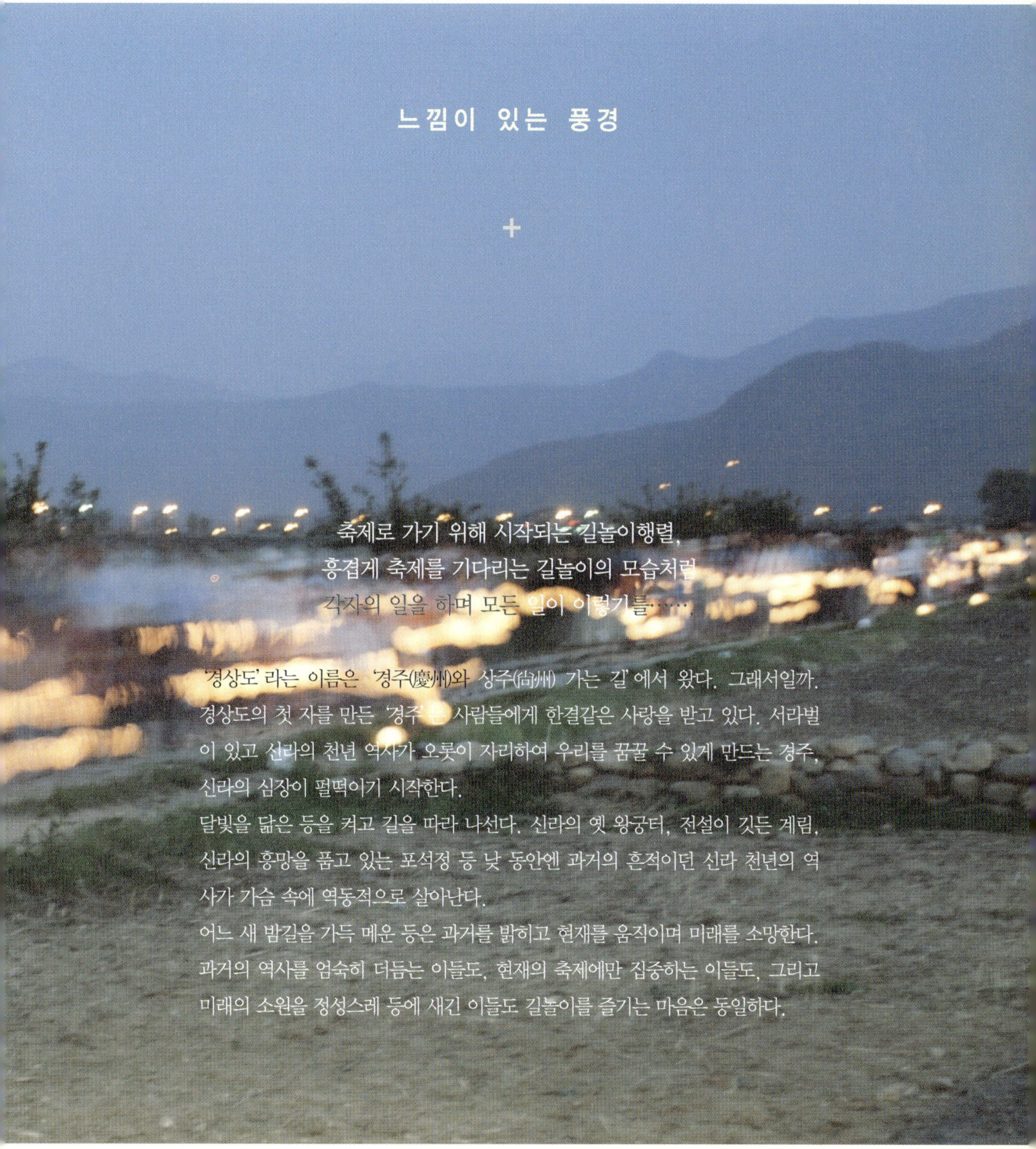

느낌이 있는 풍경

+

축제로 가기 위해 시작되는 길놀이행렬,
흥겹게 축제를 기다리는 길놀이의 모습처럼
각자의 일을 하며 모든 일이 이뤄지기를……

'경상도' 라는 이름은 '경주(慶州)와 상주(尙州) 가는 길' 에서 왔다. 그래서일까. 경상도의 첫 자를 만든 '경주' 는 사람들에게 한결같은 사랑을 받고 있다. 서라벌이 있고 신라의 천년 역사가 오롯이 자리하여 우리를 꿈꿀 수 있게 만드는 경주, 신라의 심장이 펄떡이기 시작한다.

달빛을 닮은 등을 켜고 길을 따라 나선다. 신라의 옛 왕궁터, 전설이 깃든 계림, 신라의 흥망을 품고 있는 포석정 등 낮 동안엔 과거의 흔적이던 신라 천년의 역사가 가슴 속에 역동적으로 살아난다.

어느 새 밤길을 가득 메운 등은 과거를 밝히고 현재를 움직이며 미래를 소망한다. 과거의 역사를 엄숙히 더듬는 이들도, 현재의 축제에만 집중하는 이들도, 그리고 미래의 소원을 정성스레 등에 새긴 이들도 길놀이를 즐기는 마음은 동일하다.

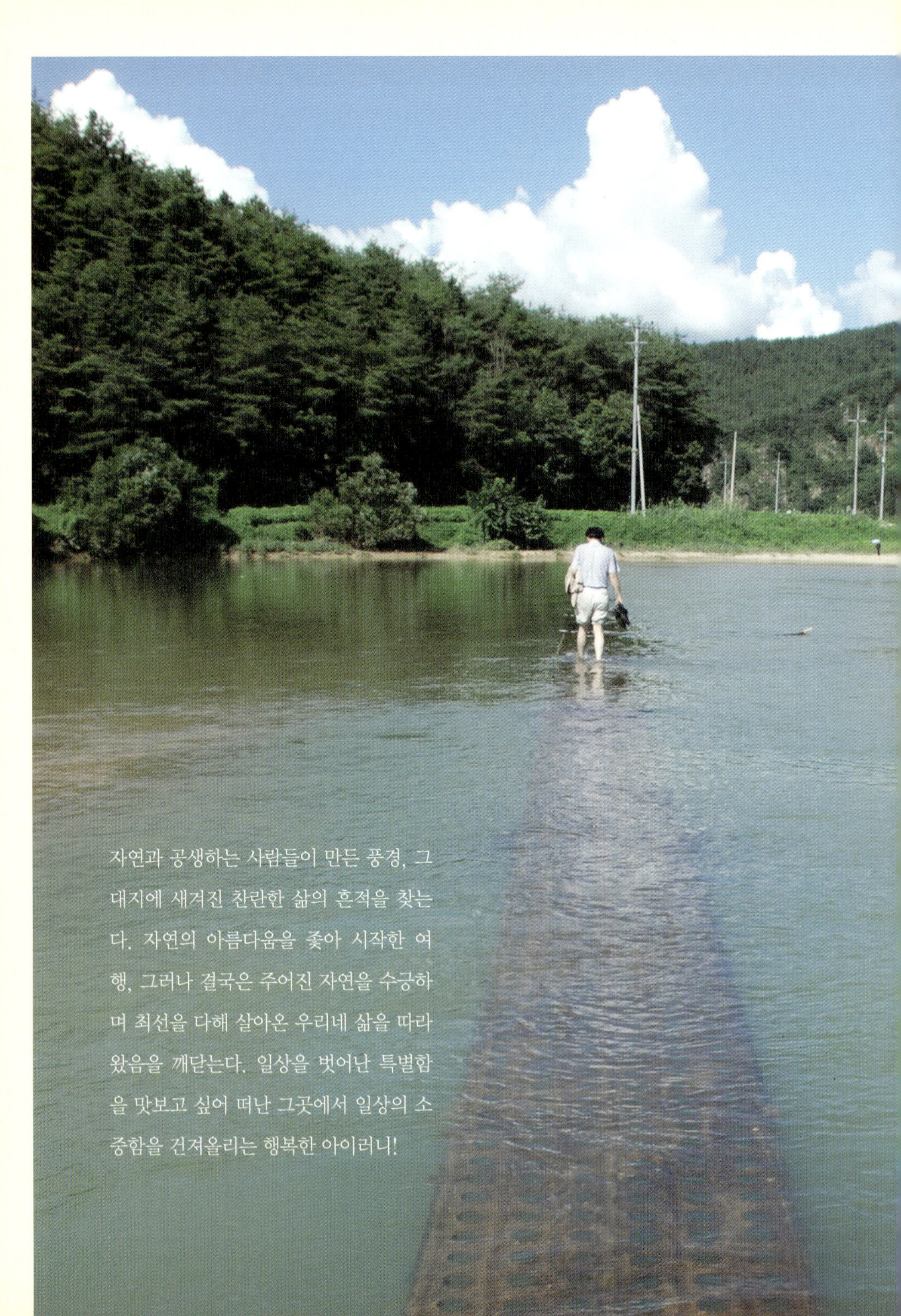

자연과 공생하는 사람들이 만든 풍경, 그
대지에 새겨진 찬란한 삶의 흔적을 찾는
다. 자연의 아름다움을 좇아 시작한 여
행, 그러나 결국은 주어진 자연을 수긍하
며 최선을 다해 살아온 우리네 삶을 따라
왔음을 깨닫는다. 일상을 벗어난 특별함
을 맛보고 싶어 떠난 그곳에서 일상의 소
중함을 건져올리는 행복한 아이러니!

삶
을
따
라

017

삿갓배미에서 일군 꿈,
남해도 가천 다랭이마을

겨자색은? 밝은 황갈색인 겨자색은 선물포장 등 일상생활에 많이 쓰인다. 그만큼 편안한 색이다. 남해 가천 다랭이마을의 9월이 딱 겨자색이다. 층층이 가을이 익어가는 이곳의 겨자색은 편안한 전원의 색인 셈. 하지만 그속에 녹아있는 삶은 고달프다. 억척스러움이 배어있다. 색이 품고 있는 고유의 이미지와 실제 생활과는 이렇게 동떨어질 수도 있다.

가파르다. 다랭이논 하나하나마다 고달팠던 삶이 배어난다.
그 고된 삶만 아니라면 탄성을 내지를 만큼 풍광이 대단하다.
주어진 자연과 거기에 순응하면서 삶을 가꾸어가는 모습이
아름다운 풍경을 만들어낸다.

억척스럽다. 어떻게 저런 급경사지대에 논을 만들었을까? 바닷가 마을이면서
왜 굳이 농사를 고집할까? 궁금한 게 많은 것은 고된 삶 때문이다. 그래서 남해 가
천 다랭이마을을 보고 있으면 숙연해진다.

가천마을은 설흘산(485m)에서부터 푸른 파도가 넘실대는 해안까지 급경사로
내리뻗은 중턱에 자리 잡고 있다. 바윗돌 해안은 배의 접안을 거부한다. 바닷가에
접해 있으면서도 배 한척 없는 마을. 이 척박한 환경에서 살아남기 위해 산비탈을

깎아내고 석축을 쌓아 계단식 논을 만들었다. 산꼭대기에서부터 바닷가까지 108층 계단식 다랭이(좁고 긴 논배미를 이르는 '다랑이'의 사투리)논이 층층이 펼쳐져 있다. 농토를 한 뼘이라도 더 넓히기 위해 석축 윗부분을 불룩하게 튀어나오게 만든 것도 이색적이다. 논은 밭을 갈던 소도 한눈 팔면 절벽으로 떨어진다는 말이 있을 정도로 가파르다. 다랭이논 하나하나마다 고달팠던 삶이 배어난다.

그 고된 삶만 아니라면 탄성을 내지를 만큼 풍광이 대단하다. 비가 온 날이면 오히려 맑은 날보다 더 좋은 풍경을 선보인다. 째푸린 하늘과 안개, 그 속으로 언뜻 보이는 겨자색 다랭이논, 옥빛 바다가 한 폭의 수채화다. 정작 이런 풍경은 역경을 이겨내고자 하는 노력에서 나온 것이라 더 매력이 있는지도 모른다.

사실 제각각 뻗어나간 논길을 따라 가려면 트랙터는 꿈도 못 꾼다. 학교 운동장만한 큰 논도 있지만 삿갓을 놓으면 보이지 않는다는 삿갓배미가 수두룩해 경운기도 소용없다. 그래서 아직까지도 대부분 소와 쟁기로 논을 가꾼다. 덕분에 모내기철이 되면 전국에서 사진꾼들이 몰려든다. 이들이 카메라에 담으려는 풍경도 이런 억척스런 삶의 한 모습이 아닐까.

 왜 다랭이논에 의지했을까?

설흘산에서 내려다보면 가천마을은 깊숙하게 들어온 앵강만이 한눈에 들어오고 서포 김만중의 유배지인 노도가 아늑하게 내려다보이는 절경 중의 절경이다. 하지만 마을로 들어서면 완전히 딴판이다. 설흘산이 바다로 내리지르는 45° 경사의 비탈에 석축을 쌓아 108층이 넘는 계단식 논을 일구어 놓았다.

온통 바윗돌인 해안은 배를 대기조차 힘들었다. 바다를 끼고 있지만 배 한척이 없는 마을로 이 척박한 환경에서 살아남기 위해서는 농사를 생업으로 삼을 수밖에 없었다. 주소득 작목은 마늘과 벼. 108층 계단 다랭이 논이 층층이 펼쳐져 있는 것은 이 때문이었다.

가천 다랭이마을로 가는 길

1. 사천 실안해안도로 찻집.
2. 죽방렴.
3. 사천 우주항공박물관.
4. 해오름예술촌.
5. 예술촌의 실내.
6. 물건리 독일마을.

다랭이마을의 체험행사 중 하나인 바다뗏목타기.

억척스런 삶을 배우다

가천마을은 남해도 중에서도 가장 끄트머리에 있어 거기까지 가는 수고를 해야만 모습을 드러낸다. 그러나 가는 길은 결코 지루하지 않다. 산허리를 휘감은 해안도로를 따라가면 구석구석 아름다운 어촌마을들과 비경들을 숨겨두고 있다. 남해대교를 지나서도 한 시간. 마침내 층층이 다랭이를 배경으로 가천마을이 모습을 드러낸다.

"급경사 다랭이논이지만 마을 양쪽으로 내가 흘러 큰 가뭄이 아니면 물 걱정은 없어요."

마을 주민 권정도 씨는 그래도 이곳 천수답은 마늘과 벼를 번갈아 심는 이모작이라고 자랑한다. 사실 이 마을의 주소득 작목은 마늘과 벼다. 마늘이 이 마을 소득의 80%를 차지한다. 봄이면 한뼘 되는 다랭이마늘 논에서 분주하게 손을 놀리는 할머니의 정다운 모습을 볼 수 있다.

보이는 풍경과는 달리 삶은 억척스럽다. 이 마을 사람들은 예전부터 '남해 똥배'라는 놀림을 받았다. 다랭이마을 사람들이 여수까지 가서 그곳 사람들의 변(便)을 싣고 와 논 거름으로 사용해왔기 때문이다. 척박한 땅을 옥토로 바꾸기 위한 고육지책이었던 셈이다.

이제는 많이 달라졌다. 농촌전통테마마을로 지정되면서 확 바뀌었다. 매년 전국에서 많은 사람들이 이곳으로 찾아든다. 주어진 자연과 거기에 순응하면서 억척스런 삶을 가꾸어가는 모습이 아름다운 풍경을 만들어내서일 게다.

58가구 154명이 사는 이 마을에선 15가구에서 민박을 치며 손님을 맞는다. 외지인들을 위한 다양한 농촌 및 어촌 체험도 준비해두고 있다.

다랭이 만들기, 소로 논 갈기, 옥수수 따기 등 농사체험은 기본이다. 매일 오전 10시부터 오후 5시까지는 마을 앞 바다에서 바다래프팅과 뗏목체험도 가능하다. 아이들이 제일 좋아하는 것은 손그물낚시. 조갯살을 들고 있으면 물고기들이 와서 문다. 다랭이논에서 먹는 새참과 추억의 시골학교 운동회는 어른들이 더 좋아한

 가천 암수바위

가천마을은 다랭이논으로 알려졌지만 남자와 여자를 상징하는 암수바위가 있는 곳으로도 유명하다. 바위의 크기는 숫바위 높이 5.8m, 둘레 2.5m, 암바위 높이 3.9m, 둘레 2.3m의 선돌의 형상으로 숫바위는 남성의 성기형상이며, 암바위는 아기를 밴 여인의 형상이다. 주민들은 이 바위를 영험한 미륵으로 여긴다.
조선 영조27년 이 고을의 현령 꿈에 한 노인이 "가천에 묻혀있는 나를 일으켜달라"고 부탁해 땅을 파보니 암수바위가 나타났다고 한다. 마을의 평안과 풍어를 바라는 제사가 매년 열리고 있다. 얼마 전까지만 해도 숫바위에 치성을 드리면 득남을 한다는 소문에 아기를 낳지 못하는 다른 지방 여인들이 많이 찾아왔다.

다. 몽돌바닷가 산책은 다랭이마을의 숨겨진 비경을 직접 돌아보는 코스. 마을에서 걸어서 15분 거리에 있다. 미륵불 일출도 볼거리.

체험비는 다양하다. 30명 이상일 때 가능한 시골학교운동회 체험비는 1인당 5천원, 바다체험 5천~1만원, 가족단위 농사체험 1인당 2천원 등이다.

5월이면 특별한 체험축제도 열린다. 전통적인 농기구인 '써레'를 체험해보는 축제다. 1박 2일 일정으로 첫날은 어부체험과 손그물낚시를 즐기고 이튿날 소를 대신해 사람이 끄는 써레질을 체험한다. 논 모내기 체험도 할 수 있고 논두렁 달리기와 새끼줄 씨름 등으로 하루를 보내게 된다.

예약=011-862-6333(마을예약담당자 김주성).

사천 실안해안도로.

세가지 느낌
해안 드라이브

쌓인 스트레스. 풍덩, 푸른 바다에 한꺼번에 던져 버릴 수는 없을까. 남해섬이라면 가능할 듯하다. 가천 다랭이마을을 오가는 길에 남해섬 해안드라이브도 겸해보자. 남해도의 굽이진 해안 300㎞를 따라 펼쳐진 바다는 어디 하나 빼놓을 수 없을 만큼 아름답고 정겹다.

남해도 여행은 바다를 따라 도는 환상의 드라이브가 시작이자 끝이다. 각기 다른 느낌을 주는 세곳의 해안도로를 달릴 수 있다.

◆ 사천 실안해안도로

사천읍을 지나 삼천포항으로 가다보면 와룡산(798m) 입구인 남양동사무소 앞 네거리가 있다. 1003번 도로를 따라 오른쪽으로 방향을 틀면 실안해안도로의 출발점이다. 이곳서 창선·삼천포대교가 있는 대방동까지는 약 7km. 사천만으로 지는 저녁노을이 일품이다. 지난 2000년 한국관광공사가 선정한 '전국 9대 일몰' 중의 한 곳이다. 일몰은 대교와 마도, 늑도 등의 섬이 보이는 실안동 쪽이 포인트다.

부채꼴로 말뚝을 박아 만든 원시적인 어업도구인 죽방렴과 작은 섬들, 바다, 일몰이 환상적으로 어울린다. 호수같이 잔잔한 사천만의 푸른 바다와 해안주변의 자연경관도 일품이다.

◆ 물미 해안도로

창선교를 지나 3번 도로를 따라 7㎞ 정도 내달리면 남송가족관광호텔 입구에서 갑자기 탁 트인 바다를 만난다. 물건리 방조어부림이다.

이곳 삼동면 물건리에서 미조항까지 이어지는 물미해안도로는 남해도 최고의 드라이브코스다. 15㎞에 이르는 이 도로는 처음부터 끝까지 크고 작은 어촌들과 푸른 바다 등 그림같은 풍광을 내려다보며 달린다. 길은 적당하게 오르내리고 또 적당하게 휘어져 드라이브에 딱 들어맞는 곳이다.

이 해안도로의 끝에는 남해 제일의 미항(美港)인 미조항이 있다. 이 항구 뒤쪽으로 아름다운 작은 해안도로가 숨어 있다. 크고 작은 섬과 팔랑포, 설리마을을 지나 송정으로 이어지는 해안길은 다니는 차량이 거의 없을 정도로 호젓하다.

◆ 남면 해안도로

미조항에서 상주해수욕장을 지나 남면으로 향한다. 남면 해안도로는 월포해수욕장에서 접어든다. 앵강만을 끼고 월포마을 입구에서 200m 더 가면 남해군가족휴양촌. 이곳 도로도 물미해안도로와 함께 전국에서 가장 아름다운 해안 중 한곳이다. 남해군 남면과 서면의 갯마을을 두루 거친다.

서울에서 대전까지는 경부고속국도, 진주까지는 대전–통영고속국도, 사천까지는 남해고속국도를 이용한다. 사천IC~3번 국도~사천~창선·삼천포대교~지족리~앵강고개에서 1024번 지방도로~월포, 두곡 해수욕장~석교마을 농로길을 지난 뒤 좌회전~청소년수련원~해안도로를 타고 다랭이마을 도착. 6시간 소요.

부산과 대구에서는 남해고속국도를 거쳐 역시 사천IC에서 빠지면 된다. 남해대교를 건너기위해서는 진교IC에서 내리면 된다.

안내전화

다랭이마을 민박 · 견학=011-862-6333

(김주성 농촌전통테마마을 추진위원장).

다랭이 홈페이지 사랑방=http://darangyi.go2vil.org.

남해군청 문화관광과=055)860-8601.

추천코스

역시 코스를 잘 잡는 것이 관건이다. 창선 · 삼천포대교를 통해 남
해로 들어가 남해대교로 빠져나오는 게 좋다.

사천 항공우주박물관—사천 실안해안도로—창선 · 삼천포대교—왕후
박나무군락지—죽방렴—삼동면 물건리 해오름예술촌—물건리 방조어
부림—물미해안도로—미조항—상주해수욕장—남면 해안도로—가천 다
랭이마을—남해읍—충렬사—남해대교.

여기도!

죽방렴_ 삼동면과 창선면을 잇는 창선대교에 올라서면 다리 양쪽으
로 긴 참나무 말목을 갯벌에 촘촘히 박아 주렴처럼 엮은 것을 볼 수
있다. 죽방렴이다. 물고기들이 빠른 물살에 밀려들어가 원통형의 대
나무발 속에 모여든다. 이곳에는 모두 23통의 죽방렴이 남아 있다.

해오름예술촌_ 물미해안도로가 시작되는 물건리에 있다. 바다가 바
로 내려다보이는 전망 좋은 곳에 자리 잡고 있던 폐교를 리모델링
해 전시와 체험공간으로 꾸몄다. 와인을 맛볼 수 있고 아기자기한
기념품들도 살 수 있다. 055)867-0706. 인근에 독일마을이 있다.

맛

다랭이마을 끝에 자리잡고 있는 '원조할매막걸리' 식당(055-862-
8381)은 해물된장찌개로 유명하다. 게와 조개, 새우 등 해물이 푸짐
하고 인근 밭에서 직접 기른 호박, 감자가 싱싱하다. 유자잎막걸리
도 색다른 맛이다.

미조항 수협공판장 옆 공주식당(055-867-6728)의 갈치회무침도
별미다. 막걸리식초를 3개월 숙성시켜 만든 초장소스로 무쳐낸다.

원조할매막걸리 식당의 해물된장찌개.

매콤하면서도 새콤한 맛이 입
맛을 돋운다. 갈치조림과 구이
도 있다.

잠

다랭이 마을에는 15곳의 민박
집이 있다. 1박에 큰방(4인 기
준) 4만원, 작은방 3만원. 식비
한끼 5천원.

가천마을 인근에 남해군가족휴
양촌이 있다. 앵강만의 풍경이
감탄을 쏟아낼 만하다. 7평짜리
통나무집 10동이 있다. 7, 8월
성수기 5만원, 비수기 4만원.
055)863-0548.

018

고향의 정이 새록새록,
군위 한밤마을 돌담길

밝은 회색은? 실버그레이로 부르는 밝은 회색은 오랜 시간 비바람을 견뎌온 고상한 맛이 있다. 고풍스러운 질감을 드러내는 색이다. 밝은 회색은 평온하고 소박한 느낌을 준다. 시골의 돌담길은 담쟁이와 이끼 등에 묻혀 색이 많이 바랬다. 그래도 원래의 은은한 회색빛은 여전하다. 돌담길을 따라 걷다 보면 고향처럼 소박하고 평온한 분위기를 느낄 수 있다.

돌담 아래쪽은 더께더께 이끼가 앉아 오랜 세월을 이야기해준다.
생긴 그대로의 크고 작은 자연석만으로 차곡차곡 쌓아올려
골목길을 따라 매끄럽게 돌아가는 담을 만들어냈다.

문득 돌담길이 그립다. 빨간 홍시를 따먹기 위해 겁 없이 올라섰던 나지막한 돌담
길. 새마을운동이랍시고 시멘트 담으로 하나둘 바뀌고 시골의 집들이 현대화되면서
없어지기 시작했다. 하지만 고향의 향수를 들춰내는데 돌담길만한 게 또 있을까.

많지는 않지만 전국 곳곳의 전통마을에서는 아직까지 돌담길을 볼 수 있다. 경북 군위군 대율리 한밤마을도 그중 한곳이다. 평화로운 고향 풍경을 찾아 한밤마을을 찾았다.

마을로 들어서면 가지를 늘어뜨린 감나무, 호두나무와 초록 담쟁이넝쿨이 무성한 돌담길이 반긴다. 대부분의 담은 크고 작은 돌로 쌓아올렸다. 돌담 아래쪽은 더께더께 이끼가 앉아 오랜 세월을 이야기해준다. 생긴 그대로의 크고 작은 자연석만으로 차곡차곡 쌓아올려 골목길을 따라 매끄럽게 돌아가는 담을 만들어냈다. 이 담 사이로 난 길을 따라 마을 어른들이 여유 있게 오간다.

돌담은 집과 외부를 차단하는 역할을 하지 않는다. 담장 너머로 집 마당이 다 건너다보인다. 한길 넘게 높은 담을 쌓은 대가집 담장과는 달리 포근한 정이 느껴진다. 문화재청이 똑같이 근대문화재로 등록을 예고한 성주 한개마을의 높다란 토석담과는 또 다른 느낌이다.

한밤마을의 돌담은 전체적으로 아담한 집들과 잘 조화를 이뤘다. 큰 기와집들이

 돌기둥 위의 돌오리? ————————————————————————

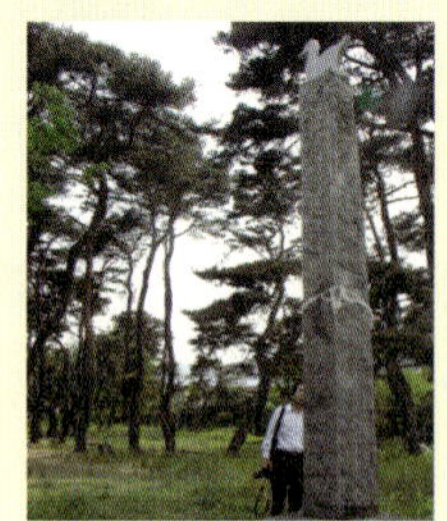

한밤마을 아래쪽에 있는 솔밭은 임진왜란 때 홍천뢰 장군이 군사들을 훈련시켰던 장소다. 이 안에 높이 약 4m 정도의 돌기둥이 있다. 진동단(鎭洞壇)이다. 음력 1월 5일 동신제를 지낸다. 특이한 것은 진동단 꼭대기에 돌로 깎아 만든 오리를 얹어 놓았다는 점이다. 보통의 솟대와는 딴판이다.
돌오리는 이유가 있다. 마을을 둘러싼 주변 모양이 바다에 떠있는 배 모양이어서 오리처럼 물에 잠기지 말라는 뜻이란다. 배 바닥에 구멍을 내서도 안 된다며 우물을 파지 못하게 해 이 큰 마을에 우물이 4~5개 정도 밖에 없다는 것도 특이한 동네 내력이다.

아니라서 다행일 정도다. 돌담은 반듯하게 직선을 이루기보다 곡선형으로 휘돌아 간다. 한집 한집 따로 쌓아올린 돌담일텐데도 전체적으로는 하나같이 이어져 가만 가만 걷다보면 옛 골목길 정취에 흠뻑 빠지게 된다.

돌담 길이는 약 1.6㎞. 느릿느릿 동네 한 바퀴를 돌며 추억에 잠길 만하다.

"돌담길도 자원이다" 한밤마을 사람들의 희망

군위 삼존석굴이 있는 계곡 아래 넓은 들에 자리한 전통마을이 대율리(大栗里)다. 옛날부터 밤나무가 많아서 한밤마을이라 부른다. 팔공산 북쪽 자락에 있는 이 마을 은 경치가 수려하다. 수백년 된 전통가옥이 수두룩하고 집집마다 온통 돌담으로 둘 러싼 옛 모습 그대로 보존되어 있다. 마을 전체의 집들이 북향인 것도 이채롭다.

상매댁으로 불리는 남천고택 등은 전통 한옥구조다. 부림 홍씨(缶林 洪氏)의 집성 촌인 이곳에서 상매댁은 규모가 제일 크다. 이 집 역시 담은 다른 집처럼 강돌을 차 곡차곡 쌓아올린 돌담이다. 돌담의 폭이나 높이가 제각각인 것도 자연미를 더한다.

마을의 돌담은 특별한 기술 없이 막돌을 그대로 쌓아올렸다. 때문에 돌담은 아 래층은 넓고 위쪽은 다소 좁다. 넓은 곳은 1m가 넘을 정도. 한눈에 보면 성곽이 아닐까 싶다. 어디서 이 많은 돌들을 가져왔을까.

마을 앞 강에서 들고 온 것들로 보이는 이 많은 돌들에는 슬픈 역사가 담겨있다. 경오년(1930년) 대홍수 때 마을 전체가 옆의 동산계곡에서 떠내려온 돌에 휩쓸렸 던 것. 어떻게 보면 이 돌담들은 홍수피해 복구의 한 과정이었던 것 같다. 엄청난 양의 크고 작은 돌을 내다버릴 엄두가 나지 않아 돌담을 쌓았다.

사연이 많은 돌담이지만 최근 문화재청과 한국관광공사로부터 전국에서 가장 아름다운 돌담길로 선정됐다. 행정자치부로부터는 '살기 좋은 지역'에, 농림부로부터도 농촌마을종합개발사업에 각각 선정됐다.

이를 계기로 마을사람들은 변화를 모색하고 있다. 부림 홍씨 집성촌인 대율리와 동산·남산리를 포함하는 한밤마을 530여 가구 주민 1천여명이 2007년 8월초 이틀에 걸쳐 '제1회 한밤마을 돌담 문화축제'를 개최했다. 주민들이 행사 비용을 마련하고 일정까지 짰다. '돌문화 심포지엄'도 개최해 돌담길 보존과 건축양식에 대한 학술적인 논의를 거쳤다. 주민들이 중심이 되어 돌담길을 자연유산으로 보존하려는 것이다.

대율초등학교 옆 송림은 예로부터 대율리에서 빼놓을 수 없는 중요한 곳이다. 솟대가 있어 매년 이곳에서 동제를 올리는 신성한 곳이다. 임진왜란 때 의병활동을 한 홍천뢰 장군 추모비와 효자비가 있어 애국과 효를 배우는 학습장이 되기도

 ## 제2석굴암(군위삼존석굴)

한밤마을 가까이에 군위 삼존석굴이 있다.
군위 삼존석굴은 제2석굴암으로 더 잘 알려져 있다. 신라 소지왕 때 극달화상이 창건했으며 8세기 중엽 건립된 경주 토함산 석굴암 조성의 모태가 된 것으로 밝혀졌다.
1960년대 말까지 세인들의 눈에 띄지 않았다가 1970년대 초 학자들에 의해 경주석굴암보다 1세기 이상 일찍 조성된 것으로 밝혀져 세계적 문화재로의 가치를 인정받았다.
국보 제109호로 지정된 삼존석굴은 깎아지른듯한 절벽 아래 동굴 속에 있다. 지상 20m 높이의 석굴 내에는 본존불인 아미타불과 좌우로 대세지보살, 관음보살이 서 있다. 본존불의 결가부좌한 모습과 깎은 머리, 얼굴모습은 풍만하며 거대하고 엄숙한 기품이 있다.

전통가옥 중심부에 자리 잡은 대청.

한다. 또한 누구나 휴식을 즐길 수 있는 자연휴양지이기도 하다. 초등학교 건너편 송림은 체육시설과 놀이시설이 갖춰져 있어 가족 피서지로의 조건도 갖췄다.

대율초등학교는 현재 재학생이 28명에 불과해 폐교 위기에 몰렸다. 마을 주민들은 출향인들과 힘을 합쳐 사립화를 추진하는 등 대율초등학교를 살리기 위한 노력에 들어갔다.

성주 한개마을

한개마을은 성산 이씨가 대대로 살아온 전형적인 집성촌이다. 마을 북쪽에 있는 영취산을 중심으로 좌우로 산이 둘러싸고 있고 중앙의 구릉지에 마을이 들어서있다. 마을 앞쪽으로는 낙동강의 지류인 백천이 흐르고 있어 풍수지리적인 측면에서 배산임수의 전형적인 마을이다. '극와주택' 등 지방지정문화재 아홉동을 포함한 전통한옥이 잘 보존되어 있다.

이 전통한옥들 사이로 자연석에 황토를 발라 쌓아올린 토석담이 유려한 곡선을 이룬다. 돌만으로 쌓은 군위 한밤마을과 다르다. 군데군데 돌담이 있기도 하지만 대부분은 토석담이다. 쌓아올린 돌담에는 기왓장이 얹혀 있고, 수키와 몇 장을 이용해 이리저리 모양을 내기도 했다.

성주군청 학예연구사 박재관 씨는 "한개마을의 돌담은 깔끔하게 정비된 형태가 아니고 마을주민들이 대대로 살아오던 자연스러운 담장"이라며 "있는 그대로의 모습을 유지해 향후 등록문화재가 되면 복원방향을 세울 계획"이라고 했다. 성주군에서는 이 마을을 등록문화재와는 별도로 '전통민속마을'로 지정받기 위해 신청을 하기도 했다.

마을로 들어서면 기와지붕을 얹은 담과 전통한옥이 잘 어울리는 모습을 볼 수

성주 한개마을 주변의 세종대왕자태실.

한개마을의 대산리 하회댁, 전통한옥의 대문 안에는 내곽담이 있다.

있다. 고향분위기가 물씬하다. 담장은 아래위가 색깔이 다르다. 이끼가 앉은 아래쪽은 세월의 무게가 느껴질 만큼 오래됐다. 그 위쪽은 그때그때 필요에 따라 새로 얹은 흔적이 역력하다. 담장은 집을 경계 짓는 외곽담과 안채, 사랑채를 가르는 내곽담으로 구분된다. 내곽담은 건물 처마보다 낮다.

아쉬운 건 시멘트 포장. 생활의 편리를 위해선 포장이 당연하다지만 시멘트가 돌담길의 정취를 반감시키는 것은 어쩔 수 없다.

주변에 있는 세종대왕자태실을 찾아볼 만하다. 세종 20~24년(1438~1442) 사이에 조성된 전국최대규모의 태실지다. 그만큼 명당으로 소문난 곳이다. 수양대군을 비롯한 세종의 18왕자와 단종의 태 등 19기의 태실이 안장되어 있다. 신라시대 의상대사가 전국에 10개의 절을 지을 때 지었다는 선석사가 지척에 있다.

대구에서 성주읍으로 가다가 성주읍을 5㎞ 남겨둔 곳에서 월항·왜관 쪽으로 우회전하면 된다. 이곳에서 약 3㎞가면 한개마을이다. 성주읍에서는 약 8㎞. 대구 북부정류장에서 20분 간격으로 성주행 버스가 있다. 1시간 소요. 성주읍에서는 한개마을로 가는 노선버스를 이용하면 된다.

문의=054)930-6063(성주군 문화체육정보과 관광문화재 담당).

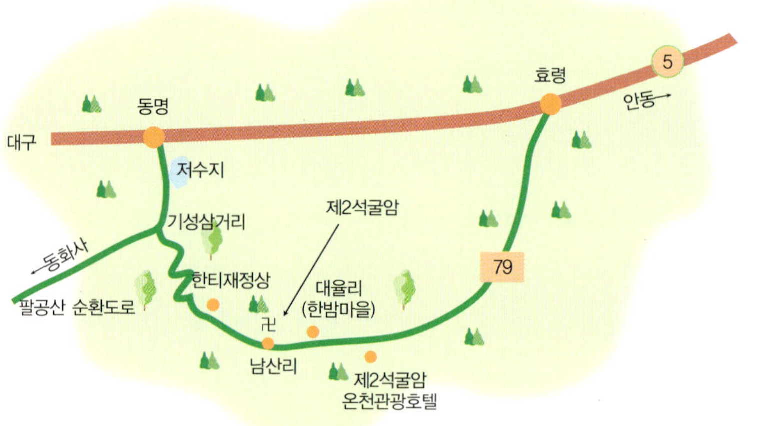

한밤마을 가는 길

승용차_ 대구에서 가깝다. 서울방향에서든 부산방향에서든 경부고속국도 서대구JC에서 중앙고속국도로 갈아탄다. 안동 · 제천 방향이다. 5분 정도 가면 칠곡IC. 인터체인지를 빠져나와 동아쇼핑 칠곡점 앞 네거리서 좌회전하면 안동방향 국도다. 다시 5분 정도 직진하면 들판이 나타난다. 동명삼거리에서 팔공산, 송림사 방향으로 우회전하면 팔공산순환도로가 시작된다. 저수지를 지나고 송림사를 지나면 기성동 삼거리다. 이곳에서 좌회전~한티재 방향~한티재 정상 한티휴게소~부계면 남산리 삼존석굴(제2석굴암). 한밤마을인 대율리는 삼존석굴에서 2.6㎞다.

버스_ 대중교통은 대구북부시외버스정류장에서 안동행버스를 타고 효령에서 내려 시내버스로 갈아타면 된다. 군위읍에서 효령-대율리-제2석굴암 간 시내버스는 1일 8회 운행.

안내전화

군위군 새마을과 문화관광담당=054)380-6062.
대구북부시외버스정류장=053)357-1851~3.
효령정류장=054)383-5424. 갓바위=053)983-8586.

추천코스

한밤마을에서 군위 쪽으로 조금만 가면 '제2석굴암 유황온천'이
있다. 피로를 풀고 갈 만하다. 지하 700m 화산 암반층의 용출수를
자연 그대로 공급하는 알칼리성 유황천이다. 팔공산을 되돌아 넘어
와서 대구 쪽의 부인사, 동화사, 갓바위를 돌아보는 게 좋다.
성주 한개마을에서는 세종대왕자태실과 선석사를 묶은 연계관광이
딱 맞는 코스다. 성주군에서 관광벨트로 추진할 만큼 역사적인 의
미가 있는 곳들이다.

여기도!

동화사_ 신라시대에 창건된 팔공산의 대표적인 사찰이다. 임진왜란
때 승병들의 활동근거지가 된 이후 호국불교의 전통이 이어지고 있
다. 최근 통일의 염원을 담은 동양 최대의 석조약사여래대불을 완성
해 봉안되어 있다. 석조대불의 높이는 30m.
갓바위(관봉석조여래좌상)_ 해발 850m의 관봉 정상에 있는 거대한
불상이다. 갓바위는 전체 높이 4m인 좌불로 머리 위에 두께 15㎝
정도의 평평한 돌 하나를 갓처럼 쓰고 있어 부르는 이름이다. 이곳
에서 기도하는 사람의 소원 하나는 꼭 들어준다는 소문이 있어 새
벽부터 밤늦게까지 사람들이 끊이지 않는다. 특히 입시철이면 전국
에서 사람들이 몰려든다.

맛

기성삼거리에서 한티재로 올라가는 길 오른쪽에 전주밥상(054-
975-3313)이 있다. 메뉴는 5천원짜리 김치고등어찌개 하나뿐이다.

잘 익은 김치와 고등어가 희한
하게 궁합이 맞다.
이 식당 건너편의 지리산산채
한정식 식당도 특색 있다. 메뉴
는 산채한정식과 사찰음식인
연밥한정식. 27가지 잡곡을 연
잎에 싸서 내놓는다. 산나물은
모두 지리산에서 가져온다. 된
장찌개도 절에서 하는 방법 그
대로 만들어 낸다.

지리산 산채한정식의 연밥.

팔공산 갓바위.

019

색깔_무지갯빛
느낌_집념

36년간 가꿔온 부부의 삶,
거제도 외도보타니아

무지갯빛은? 무지개와 같이 여러 빛깔로 아롱져 보이는 색이 무지갯빛이다. 봄철 외도보타니아를 찾으면 무지갯빛 정원을 볼 수 있다. 온갖 색깔의 꽃들이 즐비하다. 딱히 한 색깔을 끄집어내기가 어렵다. 일반적으로 무지개는 환상을 뜻하는 경우가 많다. 그러나 외도보타니아에서 보는 풍경은 환상이 아니다. 다만 환상처럼 아름다울 뿐이다.

유럽풍의 거대한 정원을 연상시킨다.
남편은 섬을 사고, 아내는 섬을 가꾸었다.
동화 속 풍광은 알고 보면 치열한 삶의 결과다.
한 부부의 36년 집념이 깃든 곳임을 외면할 수 없다.

외도 비너스 가든.

동화 속의 섬, 외도보타니아. 경남 거제시 외도해상농원은 사철 유럽풍의 거대
한 정원을 연상시킨다. 3천여종의 열대수목과 대리석 조각상, 야생화, 꽃들이 즐
비하다. 눈길 닿는 곳마다 선인장, 스파르티움, 루피너스 등 열대꽃과 열대식물이

고 눈을 들면 푸른 바다다. 이런 아름다움 때문에 외도는 한국관광공사 뿐 아니라 네티즌에 의해 한국 최고의 관광지로 선정되기도 했다.

누가 이렇게 가꾼 것일까? 알고 보면 치열한 삶의 결과다. 남편은 섬을 사고, 아내는 섬을 가꾸었다. 이창호(2003년 작고), 최호숙씨 부부다. 1969년 남편 이창호씨가 바다낚시를 왔다가 풍랑을 만나 이 섬에 피하면서 인연은 시작됐다. 이씨는 당시 여섯 가구가 어렵게 살던 이곳을 사들였다. 밀감농장도 해보고 돼지도 키워보다가 온갖 식물을 가꾸기 시작한 것이 오늘의 외도가 됐다. 최씨는 뒤늦게 독학으로 식물공부를 해가며 섬을 가꾸어나갔다.

1995년 외도자연농원이란 이름으로 개원하자 사람들이 물밀듯이 들어왔다. 음주가무와 담뱃불에 식물들이 죽어나갔다. 이때부터 입장료를 되돌려주면서까지 금주, 금연 구역을 위한 두 부부의 싸움이 시작됐다. 섬을 지키기 위한 집념이었다.

거제에서 배를 타고 불과 10여분. 육지에서 멀리 떨어져있지도 않지만 코스를 따라 외도를 돌아보다 보면 이곳이 한국이라는 사실을 잠시 잊는다. 그만큼 외도

 몽돌해수욕장 ____

파도에 동글납작 깎여 매끌매끌한 돌이 몽돌이다. 거제도엔 몽돌해수욕장이 몇 곳 있다. 거제도 동부면 학동몽돌해수욕장이 가장 유명하다. 차르륵 차르륵, 이곳 몽돌이 파도에 휩쓸리는 소리는 '한국의 100 소리'에 선정되기도 했다. 밀려온 파도에 몽돌들이 육지로 밀렸다가 그 물이 빠지면서 다시 몽돌들을 1~2m 쓸고 내려간다. 이 소리는 밤에 들으면 더 아름답다.
한적하면서도 아름다운 몽돌밭은 거제 최남단 남부면 다포리의 여차몽돌해수욕장이다. 영화 〈은행나무 침대〉의 무대가 됐던 곳이다.
몽돌은 반출이 금지되어 있다.

는 이국적인 섬이다. 유람선에서 내려서 섬을 돌아볼 수 있는 시간인 90분이 아쉬울 정도. 시간만 넉넉하다면 섬 이곳저곳 쏘다니며 종일 보낼 만하다. 지상낙원이라는 외도 보타니아. 한 부부의 36년 집념이 깃든 곳임을 외면할 수는 없다.

동화 속의 섬, 외도 돌아보기

외도는 연인들의 섬이다. 대표적인 곳이 비너스 조각이 전시된 서구풍의 정원 비너스 가든이다. 베르사이유 궁전의 정원을 본 따 만들었다. 외도선착장에 내려 야자수들이 도열한 오르막길을 올라서면 평지처럼 펼쳐진 곳에 있다. 100여종의 희귀한 모양의 선인장이 있는 선인장동산을 지나도 나타난다.

직원 사택으로 사용하고 있는 건물은 지중해 풍이다. 이 건물에서 바다 쪽으로 길게 배치한 정원이 특이하다. 모 제약회사 광고와 드라마 〈겨울연가〉 마지막 촬영지로 유명세를 타고 있다. 겨울연가에서 유진과 준상이 눈물겨운 해후를 했던, 아름다운 정원으로 둘러싸인 집이 바로 이 사택.

그래서일까. 외도를 찾는 사람들 중 대부분은 연인들이다. 이들이 제일 먼저 찾는 곳도 비너스 가든이다. 이들은 이곳에서 그 순간만큼은 드라마의 주인공이다. 팔짱을 끼고 거닐며, 벤치에 앉아 푸른 바다를 보며 사랑을 속삭인다.

비너스 가든을 지나면 화훼단지. 세계 각지의 희귀 꽃들과 우리나라 고유 자생 식물인 철쭉 등이 어울려 있다. 이곳을 지나서 대숲 오솔길을 지나면 전망대다. 해금강과 서이말 등대 등이 한눈에 들어온다. 맑은 날은 대마도까지 보인다는데 아쉽다. 흐린 날을 탓할 수도 없는 노릇 아닌가.

바다가 한눈에 보이는 명상의 언덕.

놀이조각공원엔 말타기 놀이 등을 하며 노는 천진난만한 어린 아이들의 모습이 조각되어 있다. 그 옆엔 또 다른 조각공원이 있다. 국내 유명조각가들의 작품이 전시되어 있다. 조각공원을 따라가다 보면 끄트머리에 탁 트인 바다가 보이는 작은 광장이 있다. 교회가 있는 명상의 언덕. 잠시 앉아 섬과 바다를 내려다보며 휴식하기 좋은 곳이다.

외도에선 90분밖에 머물 수 없다. 타고 들어온 유람선을 타고 되돌아나가야 하기 때문이다. 이곳저곳 정신없이 사진을 찍다보면 90분이 훌쩍 지난다. 대부분 시간이 부족해 아쉬워할 정도다.

유람선은 모두 해금강과 외도를 함께 돌아보는 코스(2시간 30분~2시간 40분)를 기본코스로 운항한다. 외도만 따로 다녀오는 것은 배 시간 맞추기가 어렵다. 요금은 외도-해금강 코스가 출발지에 따라 1만4천~1만5천원, 어린이 7천~9천원. 유람선요금에 섬에 도착하면 내야하는 외도입장료까지 내야해 부담스러운 면도 있다. 외도 입장료는 어른 8천원, 중고생 6천원, 어린이 4천원.

봄부터는 외도를 찾는 사람이 많다. 휴일엔 현지에 도착해 배표를 예매해 두고 두 시간 정도 기다려야 하는 게 예사. 이럴 경우 무작정 기다리기보다 선착장 주변 관광지를 돌아보면 된다. 복잡한 장승포, 와현 선착장보다 구조라선착장 아래쪽으로 가는 것도 한 방법이다. 멀리 갈수록 선착장이 한산하다.

섬 개방시간은 08:00~17:00(하절기 18:00).

공고지 내의 오솔길.

이름만큼 예쁜 공고지의 봄

공고지. 이름이 예쁜 지명이다. 거제시청 홈페이지에도 없는 잘 알려지지 않은 명소다. 이곳은 봄에 찾아가야 진면목을 볼 수 있다. 노란 수선화와 빨간 동백, 하얀 벚꽃 등이 화려한 색을 뽐내기 때문이다.

이곳 역시 외도 보타니아와 마찬가지로 한 부부가 수십년 정성으로 일군 곳이다. 주인공은 강명식(76), 지상악(72)씨 부부. 1957년 이곳에 터전을 옮겨온 이후 이들은 40여년 간을 산비탈에다 계단식으로 돌을 쌓고 식물을 심고 다듬어왔다. 외도가 잘 다듬어져 화려하다면 이곳은 자연그대로의 풍광이 주변 경치와 잘 어울리는 곳이다.

이곳 동백 숲에 봄기운이 가득하면 40여종의 동백이 꽃망울을 터트린다. 야트막한 산 능선에서 해변으로 이어지는 오솔길은 붉은 터널을 이뤘다. 터널 속 끝이 보이지 않은 돌계단에도 송이 째 떨어져 붉은 융단을 깔았다. 행여 밟을까 조심스레 치워보지만 엄두를 내지 못한다.

산비탈 농장엔 봄꽃이 한창이다. 봄기운이 올라 더 푸른 바다를 배경으로 노란 수선화가 꽃망울을 내밀었다. 매년 봄이면 수선화 천국이다. 수선화는 3월말까지 이곳에서 봄을 맞는다. 집 뒤에 숨은 홍매화

해변에서 산능선까지 일직선으로 이어진 동백터널.

 여차~홍포 해안도로 왜 유명할까? -------------------------------------

거제도의 최남단 여차몽돌해수욕장~홍포 무지개마을 간 해안도로(1018번 지방도)는 거제의 마지막 비경을 간직하고 있다. 우리나라에서 손꼽히는 드라이브 코스. 다대-다포-여차-홍포-대포-저구에 이르는 길은 약 8km. 이중 여차~홍포간 4km 구간 중 2.6km 가량은 비포장 흙길이다. 거제시에서는 이 구간을 일부러 포장하지 않고 있다. 자연 그대로의 모습을 간직하는 것이 관광객을 끌어들이는 좋은 방법임을 알고 있어서다.

비포장길은 걸어가는 게 훨씬 좋다. 대소매물도와 어유도, 대소병대도 등 올망졸망 섬들이 한눈에 들어온다. 바다안개가 피어오르거나 석양에라도 물들면 환상의 세계로 변한다.

1만여 그루가 줄지어 선 종려나무 숲.

도 동백과 색깔경쟁에 나섰다. 내도가 눈앞이고 멀리 해금강이 그림같이 펼쳐져 있다. 바다 쪽을 보고 있으면 봄냄새가 아지랑이처럼 피어오른다.

그러나 공고지를 찾는 사람은 거의 없다. 거제시 일운면 예구리에서 20여분 산 능선을 넘어 해안가에 자리 잡고 있기 때문. 아직 찻길도 없는 한적한 곳이다. 가끔 몇몇 사람들이 색다르고 조용한 곳이라며 알음알음으로 찾아올 뿐이다.

거제 와현해수욕장에서 예구마을 쪽으로 가다보면 공고지 진입로를 알리는 작은 표지판이 있다. 오솔길을 따라가다 보면 봄을 느끼기에 안성맞춤이다. 길 주변의 야생화와 동백나무, 후박나무, 각종 조경수, 종려나무가 손을 댄 흔적 없는 주

254

변 풍경과 잘 어울린다. 몽돌을 쌓아서 만든 몽돌담도 정답다.

줄을 지어선 1만여 그루의 종려나무는 한려해상국립공원을 배경삼아 숲을 이뤘다. 이것 때문일까? 같은 이름의 영화 〈종려나무 숲〉이 이곳에서 촬영됐다.

이곳의 봄풍경이 조금씩 알려지면서 노부부의 40년 노력이 이제 봄꽃처럼 활짝 피어나는 중이다.

종려나무 숲의 건너편으로 보이는 섬이 내도.

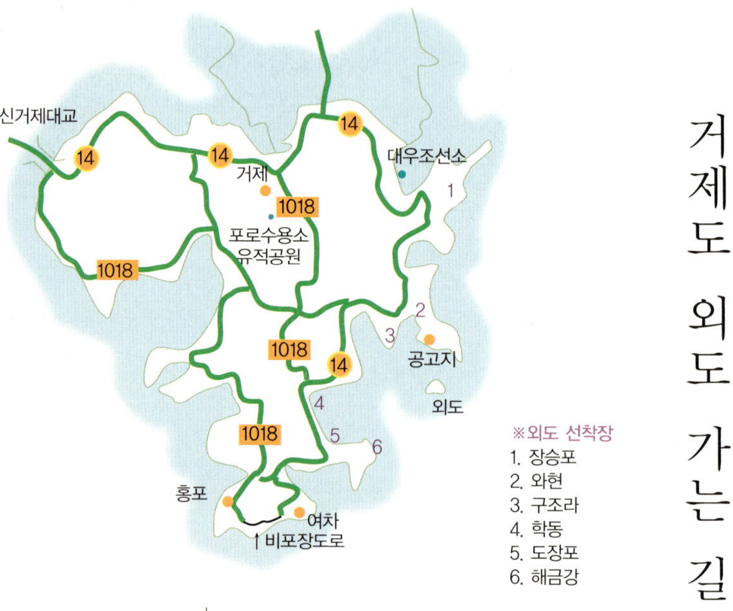

승용차_ 진주–통영간 고속도로가 개통돼 거제 초입까지 거침없이 달릴 수 있다. 서울~대전(남대전/무주방향)~사천IC~고성~통영~사곡삼거리~거제도유람선선착장(장승포, 구조라, 해금강, 와현, 도장포, 학동)~외도. 부산에선 마산–통영을 거친다. 대구에서는 구마고속국도~남해고속국도 진주분기점~대전통영고속국도를 거쳐 거제도로 가는 것이 편하다.

버스_ 거제에서 외도로 들어가는 선착장은 여섯 군데다. 선착장마다 배 시간과 배삯이 달라 미리 전화로 확인해봐야 한다. 구조라선착장과 와현선착장이 외도와 가장 가까워 12분 거리다. 가장 큰 장승포선착장에서는 25분이 걸려 가장 멀다. 학동, 도장포, 해금강 등지에서는 15분 걸린다.

안내전화

거제시청 관광과=055)639-3380.

거제자연휴양림=055)639-8115.

장승포유람선=055)681-6565. 구조라유람선=055)681-1188.

와현유람선=055)681-2211. 해금강유람선=055)633-1352.

거제자연예술랜드=055)633-0002.

외도=www.oedobotania.com.

여기도!

거제포로수용소유적지_ 한국전쟁 당시 가장 큰 포로수용소였다. 1951년 말까지 인민군 포로 15만명, 중공군 포로 2만명 등 최대 17만3천명의 포로를 수용했다. 당시 포로들의 생활상을 짐작할 수 있는 유품 등이 전시된 전시실이 있고 당시 사용된 무기와 장비도 함께 전시되어 있다.

바람의 언덕_ 남부면 해금강 마을 가기 전 도장포 마을이 있다. 좌측으로 내려가면 도장포유람선선착장이 있어 외도와 해금강 관광을 할 수 있다. 매표소에서 바라다 보이는 언덕이 바로 바람의 언덕이다. 드라마 〈이브의 화원〉과 〈회전목마〉를 촬영한 이후 알려졌다.

맛

거제도는 계절별로 먹거리가 다양하다. 봄의 향기를 전해주는 음식은 도다리쑥국. 생도다리에 쑥과 된장을 풀어 끓인 국은 구수하면서도 담백하다. 가을엔 전어회가 제맛이다. 전어는 가을이 돼야 살이 오르고 지방질이 풍부해져 맛있다. 뼈 채로 자른 전어와 상추, 깻잎, 오이, 배 등을 넣고 양념과 함께 버무려내는 무침에 밥을 비벼 된장국을 곁들여 먹는 것이 궁합이 맞다.

전어회와 전어구이.

020

육지 속의 섬, 예천 회룡포

한눈에 꽉 차는 풍광이 한폭 수채화다.
한 바퀴 휘감아 흐르는 푸른 내성천과 황금빛 들판이
내륙속의 섬마을을 껴안고 있다. 그림 같다.
이만한 경치를 품고 있으면서 오염이 되지 않은
자연그대로의 마을이 또 있을까.

황색은? 예천 회룡포의 가을은 황색이다. 산뜻하다. 단순하다. 비옥함을 상징하는 대표적인 색상이다. 타원형 모양으로 물길이 휘돌아가는 가운데에 자리 잡은 회룡포 들판은 흰색 모래와 푸른 강줄기 안쪽에 자리 잡고 있어 더 선명하다. 그래서 사계절 중에서도 가을에 보는 회룡포를 최고로 치는 것 아닐까.

바다를 향해 흐르
던 강물이 몸을 뒤
틀었다. 가만가만
쉼 없이 가기는 싫
었던 모양. 강물이
굽이쳐 흐르면서 바
깥쪽으로는 점점 땅
을 잠식하고 안쪽
에선 모래를 쌓아

전망대 역할을 하는 팔각정, 회룡대.

나온다. 마침내 마을을 350° 휘돌아 흐르고서야 제 갈 길을 찾은 듯하다. 그 물
굽이 안쪽 동네가 물도리동이다.

경북 예천군 용궁면 대은2리에 가면 우리나라에서 손꼽히는 물도리동을 볼 수
있다. 낙동강 지류 내성천이 마을을 감싸고 흐르는 '육지속의 섬', 회룡포(回龍浦)

 왜 회룡포 같은 독특한 지형이 형성됐나? ────────────────────

 이곳은 낙동강 지류인 내성천이 비룡산에 막혀 태극모양으로 휘돌아 나간다.
우리나라에서 알아주는 물도리동(물이 육지를 돌아나가며 생긴 지형)이다. 이
곳 말고도 안동의 하회마을과 영주 무섬마을, 강원도 영월이 대표적이다.
홍수가 나면 강한 물살에 공격당하는 비룡산 쪽은 침식을 받아 깎여나가고
마을 쪽으로는 계속 퇴적이 이루어지게 된다. 태극모양으로 물길이 흐르면서
오랜 기간이 지나면 이런 현상이 가속화되어 마침내 육지 속의 진짜 섬이 될
수도 있다. 회룡포마을은 퇴적지면에 인공제방을 축조하고 그 안에 마을이 들
어서있다.

다. 말 그대로 용이 마을과 비룡산 사이로 휘감아 돌아나가는 몸짓과 같은 곳이다.

이곳 풍경은 마을 앞 비룡산 자락에 올라야 제대로 보인다. 장안사 앞마당에 차를 세우고 절 뒤쪽 산길을 10분 정도 오르면 팔각정 회룡대에 이른다. 끊어질 듯 이어져 있는 마을의 전체 모습을 보기 위해 조성해 놓은 것이다. 이곳이 회룡포를 바로 내려다보는 전망대인 셈이다. 한눈에 꽉 차는 풍광이 한폭 수채화다. 사진 찍는 것조차 잊게 한다. 한 바퀴 휘감아 흐르는 푸른 내성천과 황금빛 들판이 내륙속의 섬마을을 껴안고 있다. 그림 같다.

하지만 같은 물도리동이라도 30km쯤 떨어진 낙동강 본류의 안동 하회마을과는 대조적이다. 하회마을과 달리 이곳엔 입장료

▲비룡산 봉수대.
▲▲장안사.

가 없다. 관광지로 개발되지 않았기 때문이다. 민박집이 있긴 하지만 변변한 식당 하나 없다. 조상대대로 농사를 지어온 이곳이 깔끔하진 않지만 오히려 서민적이고 정답다. 어디 이만한 경치를 품고 있으면서 오염이 되지 않은 자연그대로의 마을 이 또 있을까.

정다운 인정이 넘치는 회룡포

그림 속으로 들어가듯 회룡포 마을 안으로 들어가 보자. 장안사에서 돌아 내려 와 평지에 다다를 무렵 오른쪽으로 난 비포장 임도를 따라 5분쯤 가면 회룡포 들 머리다. 간이주차장에 차를 세우고 강변 백사장으로 내려서면 이색적인 풍경이 반 긴다. 도회지 공사판에서 가져왔음직한 철판 다리인 '뽕뽕다리' 가 이쪽저쪽 모래 밭을 잇고 있다.

하지만 이날은 비가 온 다음날이 라 그런지 뽕뽕다리가 잠겼다. "바 지를 걷어 올리고 다리를 따라 걸어 가면 됩니다. 오히려 더 운치 있을 겁니다." 주차장 입구에서 포도를 팔고 있던 마을 주민의 말을 믿고 다리에 올라섰다. 강물은 꼭 발목 까지 잠겼다. 숭숭 뚫린 다리의 윤 곽을 따라 조심조심 발을 내딛고 있

비가 내린 후 물에 잠긴 뽕뽕다리.

262

회룡포 안의 마을길.

는데 이쪽으로 건너오려는 마을 주민이 안타깝다는 표정으로 기다리고 섰다.

사실 강물이 줄어들었을 때 이 다리를 건너는 재미를 무시할 수 없다. 살금살금 발을 굴러보기도 하지만 휘어질 만큼 발을 굴리면 언제 주민들의 불호령이 떨어질지 모른다. 차라리 강물이 얕다면 10년전 이 다리가 놓이기 전 동네 사람들이 그랬던 것처럼 바짓가랑이를 둥둥 걷고 건너보는 것도 즐거운 추억이 될 터다. 이런 아름다운 풍경 때문에 TV드라마 〈가을동화〉의 초기장면을 이곳에서 찍었다.

동네 입구 들판은 가을 수확을 앞두고 있다. 강변 원두막에서 쉬고 있던 주민에게 물었다. "경치 좋은 곳에서 사니 좋죠?" 무슨 소리냐고 되묻는다. 지금이야 산

뽕뽕다리

회룡포마을로 들어가는 통로로 구멍이 숭숭 뚫린 건축용 철판(아르방)을 두 줄로 깔아놓은 철다리다. 길이는 약 100m. 이 뽕뽕다리마저 없다면 주민들은 4km가 넘는 산길로 돌아다녀야 한다(지금은 승용차가 다닌다).
뽕뽕다리는 이 마을 최고의 관광자원이 됐다. 누구에게나 추억을 되새기게 하는 역할을 하기 때문이다. 이곳은 드라마 〈가을동화〉에서 준서와 은서가 어린 시절 놀던 곳으로도 유명하다.
강물이 불어나면 뽕뽕다리는 물속에 잠기고 마을은 다시 고립된다. 물속에 잠긴 뽕뽕다리를 바지를 걷어 올리고 신발을 들고 건너는 것도 색다른 맛이다. 폭우가 쏟아지면 이 다리는 물살에 휩쓸려 사라지지만 매년 마을주민들이 다시 이 다리를 놓기를 반복한다.

소박하고 인정미 넘치는 회룡포 마을.

길을 돌고 돌아 승용차도 들어오지만 불과 몇년 전까지만 해도 강물 속에 갇혀 살아왔단다. 그나마 마을의 풍경이 조금씩 알려지고 난 후 찾아오는 사람들이 생겼다.

마을은 조용하고 한적하다. 하긴 7~8년 전만 해도 20여 가구가 살았다고 하나 지금은 7가구. 몇년전과 달라진 모습이라곤 마을 안에 민박집 하나가 새로 생겼다는 것뿐이다.

마을에 변화의 물결이 일어 난 것은 2004년 이 마을을 포함해 향석, 무이, 읍부 등 4개 마을이 농림부로부터 농촌마을종합개발사업 대상지로 선정되고 부터다. 먼저 폐교가 된 향석초교를 리모델링해 '회룡포 여울마을 체험장' 으로 꾸몄다. 모래 체험과 옥수수 따기, 전통매듭목걸이 만들기, 천연염색 등을 할 수 있는 시설도

회룡포 여울마을 체험장.

갖췄다.

여울마을체험장의 신영식 사무장은 "관광 뿐 아니라 특산물 판매 등을 마을주민들이 스스로 운영해나가고 있다."며 "왜 이런 지형이 생겼는지 미리 알고 가서 아이들에게 설명해준다면 교육적으로도 효과만점일 것이다."라고 말한다.

'땅부자'
황목근과 석송령

회룡포마을 인근에는 꼭 만나봐야 할 노인이 있다. 예천군 용궁면 금남리 금원마을의 '황(黃)' 씨 성에 '목근(木根)'이라는 이름을 가지고 있는 노인이다. 주인공은 키 18m에 나이는 500세인 천연기념물 제400호 팽나무다. 성과 이름이 있고 게다가 매년 토지세를 꼬박꼬박 내는 납세자이니 사람과 다를 바 없다.

황목근이란 이름은 1939년 얻었다. 마을사람들이 쌀을 모아 만든 공동재산인

토지를 이 팽나무 앞으로 등기이전하면서 부터다. 황목근이 가지고 있는 자기 소유의 땅은 1만 2천232㎡. 해마다 황목근보존회에서 대납을 하는 형태로 땅을 소유한데 따른 종합토지세 1만원 정도를 내고 있다. 따로 은행예금도 있다.

마을 사람들은 매년 정월대보름 자정에 이곳에서 당제를 올린다. 황목근이 이 마을을 지켜주는 당산나무인 셈이다. 7월 백중에는 전 동네주민이 모여 나무 아래에서 잔치를 벌이기도 한다. 땅부자인 황목근은 비록 그렇게 크지는 않지만 이 마을을 지켜주는 엄연한 수호목이다.

이곳에서 조금 떨어진 예천군 감천면에도 세금을 내는 소나무가 있다. '석송령 (石松靈)' 이다. 천연기념물 제294호인 석송령은 수령이 600년으로 황목근보다 조금 오래 됐다. 이 나무 역시 토지대장에 자신의 이름으로 땅 6천여㎡를 올려두고 있다. 1년에 내는 세금은 1만여원 가량. 석송령보존회에서 대납의 형태로 낸다.

이 나무가 석송령이란 이름과 땅을 갖게 된 것은 1928년으로 황목근보다 조금 앞선다. 당시 이 마을에 남부러울 게 없이 살아가고 있던 이수목이란 노인에게는 대를 이을 자식이 없었다. 하루는 노인의 꿈에서 "걱정하지 말라."는 소리가 들렸다. 아무리 살펴봐도 인근에는 사람 그림자도 볼 수 없었다. 바로 지금의 석송령에서 들려오는 소리였다. 꿈에서 깨어난 이 노인은 자기 재산을 이 소나무에게 물려주기로 결심하고 바로 토지소유를 이전했다. 토지대장에 기록된 이름은 '석송령' 이었다. 이 마을주민들 역시 해마다 동신제를 지낸다.

석송령은 황목근과 달리 규모가 큰 소나무다. 키는 10m 남짓하지만 가지가 동서로 24m, 남북으로는 30m나 뻗어있다.

예 천 회 룡 포 가 는 길

서울에선 경부고속국도나 중부고속국도를 이용해 영동고속국도로 들어선다. 여주분기점에서 중부내륙고속국도로 갈아타고 점촌, 함창IC에서 내린 후 예천으로 들어가면 된다. 중앙고속국도는 예천IC에서 내린다. 예천군청에서 34번 국도를 타고 문경방향으로 10.5㎞를 가면 회룡포 안내판이 나온다. 이를 무시하고 용궁면까지 바로 가는 것이 좋다. 용궁에서 찾아가는 길이 쉽기 때문. 예천 군청에서 15㎞가면 산택연꽃단지가 나오고 여기서 1㎞만 더 가면 용궁면 입구다. 이곳서 회룡포까지는 6㎞.

안내전화

예천군 문화관광과=054)650-6394.

나일성천문관=054)654-4977.

추천코스

회룡포와 장안사, 장안사 뒤쪽의 회룡포 전망대를 둘러보고 난 후 비룡산 봉수대까지 돌아본다. 봉수대는 전망대서 가깝다. 보기 쉽지 않은 문화재이므로 반드시 들렀다 오자.

세금 내는 나무 황목근이 있는 금원마을도 회룡포에서 가깝다. 석송령은 이곳에서 20㎞쯤 떨어져있다. 식사는 용궁면소재지에 있는 단골식당이나 박달식당에서 싸면서도 맛있는 순대와 오징어불고기로 해결하면 된다.

나일성천문관도 둘러볼 만하다. 천문박물관을 겸하고 있는 천문대는 천문 관련자료를 수백점 수집ㆍ복원하여 전시하고 있어 체험학습장으로서도 손색이 없다.

여기도!

진호국제양궁장_ 예천읍내에서 34번 도로를 따라 안동방면으로 4㎞ 가면 우측에 있다. 국내 최대 규모인 이곳에서는 양궁선수 출신의 강사에게 간단한 지도를 받고 직접 활을 쏴볼 수 있다. 양궁 체험은 무료다. 전화로 체험예약을 해야 한다.

맛

예천군청에서 오른쪽으로 20여m 가면 읍사무소다. 읍사무소 바로 옆에 한국관복어집(054-654-3369)이 있다. 복어불고기 원조집이다. 복어불고기 1인분 1만5천원. 비싸지는 않다. 복어불고기를 먹은 후 식사가 딸려나오기 때문. 식사는 복어탕과 복죽 중에서 고르면 된다. 소고기불고기판에 육수를 부어 미나리와 부추, 버섯 등 야채를 익혀 먹고 가운데 부분에 참기름을 두른 후 복어불고기를 익혀 먹는다.

예천군 용궁면에서는 순대와 오징어불고기를 꼭 먹어봐야 한다. 용궁시장 안에 있는 단골식당(054-653-6126)과 용궁역 앞의 박달식당(054-652-0522)의 순대 맛이 유명하다. 두군데 다 점심때면 줄

한국관 복어집의 복어불고기.

단골식당 오징어불고기와 순대.

을 서야할 정도로 인기. 직접 만든 순대 맛이 일품이다. 한 접시에 5천원. 양도 푸짐해 혼자서 먹으면 배가 부르다. 양념을 묻혀 석쇠로 구워낸 매콤한 오징어구이(5천원)도 별미다. 순대국밥은 3천원.

느낌이 있는 풍경

+

돌담에 속삭이는 햇발같이……
오늘 하루 하늘을 우러르고 싶다.

돌담 속에는 다양한 생명체들이 싹을 틔우고 있다.
돌담길은 인간의 힘으로 꽃피운 담이다.

한밤마을 돌담. 오직 돌을 쌓고 또 쌓아 담을 올렸다. 진짜
100% 돌담이다. 한 치의 틈도 없을 것 같은 벽돌담이나 사괴
석 양반집 담장에 비해, 자연석 막돌을 이용하여 쌓은 돌담은
숭숭 구멍이 뚫려 있어 편안함을 준다.
돌담길을 따라간다. 오랜 세월을 지낸 돌담들은 나무들과 어울
려 있고, 그 모습들이 집들과 어울려 있다. 그 어울림이 그대
로 한폭의 아름다운 풍경이 된다. 식물과 어우러진 돌담, 그렇
게 자연은 사람들과 어울려 있다.

독도

서도

여행자의 발은 언제나 새로움을 찾는다. 이미 시작한 두근거림은 멈추지 않는다. 보이는 모든 것을 담아두기 위해 눈을 크게 뜬다. 들리는 모든 것을 기억하기 위해 귀를 활짝 연다. 오감을 넘어 육감으로 느끼는 오묘함, 그래서 새로운 곳을 향한 열정은 늘 샘솟는다.

부록_ 꼭꼭 숨은 경상도

국토의 막내, 독도 서도에서의 하룻밤

산문 걸어 잠근 지 25년, 문경 봉암사

국토의 막내, 독도 서도에서의 하룻밤

'799-805', 경상북도 울릉군 울릉읍 독도리의 우편번호다. 실제 동도의 독도 경비대 막사 앞에는 빨간 우체통이 있다. '지도바위', 동도의 바위 섬 중간에 한반도를 쏙 빼닮은 초지가 드러나 있다. '가재바위와 숫돌바위, 닭바위', 순우리말 암초들이다. 그렇다. 독도는 우리 땅이다.

밤 11시. 시끄럽던 괭이갈매기의 울음소리도 잦아들었건만 잠이 오지 않는다. 독도 주민 김성도, 김신열씨 부부가 살고 있는 어업인숙소를 나섰다. 쉽게 잠을 이룰 수 없어서다. 그렇다. 여긴 독도 중에서도 아무나 쉽게 발을 들여놓을 수 없는 서도 아닌가.

'여기가 우리 땅 독도구나.' 감격에 젖어 있다가 문득 정신이 든다. 괭이갈매기

의 울음소리가 갑자기 커졌다. 오후 내내 얼굴을 익혔건만 아직 여전히 이방인을 침입자로 간주하고 있는 모양이다.

독도경비대 막사가 있는 건너편 동도 꼭대기에서 규칙적으로 돌아가고 있는 등대 불빛을 보자 가슴이 뛴다. 불빛을 따라 동도의 실루엣이 환해졌다가 희미해졌다가를 반복한다.

어차피 오늘밤은 잠을 못 이룰 터. 소주 한병을 들고 김성도씨 부부가 지내는 안방으로 향했다. 부부는 TV를 보는 중이다. 동력은 발전기다. 김씨는 기름값이 걱정돼 평소에는 발전기를 돌리지 않는단다. 실제 김씨 부부가 사용하는 방과 부엌엔 반쯤 사용한 커다란 양초가 놓여있다. 그리고 보면 오늘은 손님대접을 톡톡히

1. 독도경비대 앞의 우체통. | 2. 서도의 김성도 씨 집 뒤쪽으로 난 가파른 계단. | 3. 서도 정상에서 내려다본 탕건봉.
4. 서도 정상 부근의 괭이갈매기. | 5. 서도 정상의 뾰족한 바위들. | 6. 서도의 유일한 식수원인 물골.

하는 셈이다. "덕분에 TV도 본다"며 부인 김신열씨가 도리어 고마워한다.

　TV 옆엔 전화기가 놓여있다. 일반전화는 2005년 개통됐다. 일본의 엉뚱한 도발이 있을 때마다 각지에서 안부전화가 수시로 걸려온다고 한다.

　다음날. 어업인숙소 뒤쪽 가파른 계단을 올라 건너편의 물골로 하산할 요량으로 아침부터 채비를 서둘렀다. 물골에서 나오는 물은 몇년 전까지만 해도 독도 유일의 생명수였다. 지금은 동도 경비대에서 식수를 가져다 먹지만 김성도 씨는 물을 구하기 위해 수시로 이 길을 지나다녔다.

최대 경사도가 85°에 이르는 가파른 998계단이 서도 정상 쪽으로 놓여있다. 매여진 밧줄이 없으면 오르지도 못할 경사다. 군데군데 계단이 무너져 내려 더 아찔하다.

발걸음을 옮기자 괭이갈매기가 극성이다. 불청객들에겐 공격적인 특성을 보인다. 위협비행을 하는가 하면 머리 위로 똥 세례를 퍼붓기도 한다. 자기네 보금자리를 지키려는 행동이다.

계단 끝에서 왼쪽으로 10여m를 조심조심 옮겨가자 "와!" 하는 탄성이 절로 나온다. 탄성은 곧 뭉클함으로 바뀐다. 동도의 모습이 코앞에 펼쳐진다. 괜히 가슴이 두근거린다.

김성도 씨 부인 김신열 씨가 며칠 전 여기까지 올라와봤다고 했다. 무료함을 달래기 위해서였다. 그러면서 괭이갈매기 숫자가 전에 비해 많이 줄었고 동백나무도 많이 없어졌다며 걱정을 한다.

주로 바위틈에 둥지를 트는 괭이갈매기들이 이곳에선 특이하게도 풀포기 사이에도 둥지를 만들었다. 조심조심 사진을 찍고 알과 막 부화한 새끼들을 피해 발걸음을 옮길 수밖에 없다.

물골로 내려서는 길은 독도와 울릉도 일부에서만 자생하고 있는 왕오장근 숲이다. 이곳부터는 나무들이 많다. 독도의 식목지역이다. 몇해 전까지 많은 단체에서 나무를 심었다. 지금은 용화대풀, 동백, 섬보리수 등이 숲을 이뤘다.

내려가는 길은 더 가파르다. 계단은 흙으로 덮여 흔적 뿐. 자칫 수십m 아래로 미끄러질 수 있는 위험한 길이다. 긴장으로 땀범벅이 된 채 해안에 내려서자 놀라운 광경이 반긴다. 두 손으로 들어야 할 만큼 큼직큼직한 몽돌(모오리돌, 모가나지 않고 둥근 돌)들이 해안을 꽉 채웠다. 물골의 샘은 높은 콘크리트 구조물 위에 있어 올라설 수가 없다. 바닷물이 들어가는 걸 막기 위해서인 듯하다.

해안청소 도중 한쪽 구석에서 포탄 파편을 발견했다. 독도에 웬 포탄일까? 알고 보면 아픈 역사의 흔적이다.

1948년 6월 8일. 독도에 나타난 미군 B29 폭격기의 네 차례에 걸친 폭격으로

278

미역을 따던 어민 수십명이 숨졌다. 미국은 왜 독도를 폭격연습장으로 사용했을까? 일본의 계략이었다. 독도가 미군폭격 연습지로 지정되면 일본영토로 확인받기가 쉬울 것 같아 일본이 연습지 지정을 받기위해 혈안이 되었던 것. 어쨌든 이 지역은 지금도 수시로 녹슨 유탄이 많이 발견돼 당시의 참상을 말해 준다.

동도의 바위 섬 중간의 지도바위,
한반도를 쏙 빼닮은 초지가 드러난다.
가재바위, 숫돌바위, 닭바위……,
암초들의 이름은 모두 순우리말이다.
그렇다!
독도는 우리 땅이다.

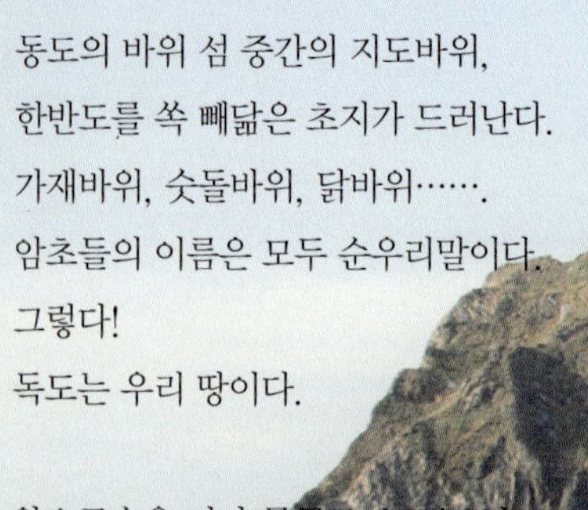

왕오근숲을 지나 물골로 오르는 길,
독도의 한가운데서
괭이 갈매기의 가냘프지만 확고한 울음소리를 듣고
그 소리에 튀어 오르는 물고기 비늘이
찰나에, 쏟아내는 반짝거림을 포착한다.
붉게, 노랗게, 푸르게 꽃망울 터치는 소리에
심장이 터질듯 두근거리고
무당벌레, 잠자리 날갯짓 소리에
숨을 죽이며 귀를 기울인다.

온전한 눈으로 바라보고
온전한 귀로 듣고
그렇게 온 감각으로 독도를 마주한다.

산문 걸어 잠근 지 25년, 문경 봉암사

이 땅의 마지막 청정 수행도량. 부처님 오신 날 외에는 절대 산문을 열지 않는 조계종종립특별선원…….

신라 헌강왕 때 지증대사가 창건한 문경 희양산 봉암사는 수행하는 스님들 외에는 일절 출입이 허용되지 않는다. 지난 1982년 이후 25년째다.

이런 곳에 들어가 호젓하게 절을 돌아보고 사진을 찍을 수 있다는 건 행운이다. 근대 차(茶) 문화의 발상지로 알려진 봉암사에서는 매년 봄 '문경 한국전통 찻사발 축제' 성공을 기원하는 육법헌공다례 행사가 열린다. 이 덕에 잠시 봉암사를 둘러볼 기회를 가졌다.

봉암사. 뒤쪽이 희양산이다.

문경에서 대야산 용추계곡으로 방향을 잡는다. 진남교반, 철로자전거가 있는 진남역, 가은읍 문경석탄박물관을 차례로 지나면 오른쪽으로 예사롭지 않은 바위산이 나타난다. 희양산이다.

봉암사 표지판을 따라 우회전해서 들어가다 보면 도로변 곳곳에 다른 곳에선 볼 수 없는 안내간판이 눈길을 끈다.

'이곳은 청정수행 도량이므로 등산객의 입산을 금지한다'

안내판에도 불구하고 희양산을 오르는 등산객들이 종종 있다. 이를 막기 위해

1. 봉암사 장독대. | 2. 보물로 지정된 봉암사삼층석탑. | 3. 백운대. 바위에 마애보살상이 새겨져있다.

4. '백운대' 라는 글씨의 유래를 설명하고 있는 봉암사 함현 주지스님.

5. 봉암사에서 수행중인 스님들은 때때로 백운대까지 오가며 머리를 식힌다.

6. 문경한국전통찻사발축제의 성공을 기원하는 육법헌공다례.

아직도 봉암사 수행자들은 당번을 정해 희양산 양쪽의 산문을 지키고 있다. 치열한 구도의 길을 걷는 수행도량의 환경을 유지하기 위해서다.

이렇게 25년간이나 숨겨온 사찰치고는 건물들이 생각보다 훨씬 현대적이다. 하긴 수행 환경에 맞춰 집을 짓다보니 그럴 만도 하겠다. 그래도 한국불교사에서 60

년을 이어온 '수행의 상징'이라는 명성은 사찰 내에 가득한 숙연한 기운으로도 느낄 수 있다.

지금으로부터 꼭 60년 전인 1947년. 성철스님을 비롯해 청담, 향곡, 자운, 월산, 혜암, 법전 등 훗날 한국불교계를 이끌어가는 스님들이 봉암사에 모였다. 이들은 조선시대와 일제강점기를 거치며 망가질 대로 망가진 한국 불교를 바로잡자는 다짐 아래 수행에 들어갔다. 이것이 봉암사 결사[여름과 겨울 3개월간 안거에 들어가는 것이 결제이고 안거 기간이 9개월 이상일 때 결사임]다. '오직 부처님 법대로만 살아보자'는 뜻이었으니 시쳇말로 중노릇 똑바로 해보자는 것이었다.

스스로도 채찍을 놓지 않았다. '일일부작 일일불식(一日不作 一日不食)', 일하지 않으면 먹지도 말라는 등의 공동수행 규칙도 만들었다. 결사에 참여한 스님들은 비단으로 만든 가사(袈裟)와 장삼(長衫)도 버리고 직접 물을 들인 회색광목으로 옷을 만들어 입었다. 오죽하면 부처님의 법에 맞지 않다며 나무로 만든 밥그릇인 바리때까지 내다버렸을까.

결사가 진행 중인 당시 성철스님은 수행을 게을리 하면 여지없이 "밥값 내놓아라!"는 호통으로 정진 중인 스님들을 독려했다. 당시 성철스님의 호통이 아직까지 유효한 걸까? 수십명의 스님들이 정진하고 있는 곳 치고는 경내는 조용하다.

경내를 돌아봤다. 보물로 지정된 봉암사삼층석탑과 지증대사 부도, 지증대사 비 등이 볼거리. 대웅전 앞에는 불우리라고도 하는 노주석(爐柱石) 한 쌍이 있다. 밤 행사 때 불을 피우던 일종의 돌받침 종류다. 모양이 단순하면서도 그 모습 그대로 형태가 남아 있다.

행여 참선 스님들께 누가 될까봐 발걸음이 더 조심스럽다.

서둘러 백운대로 발걸음을 옮긴다. 절에서 백운대로 향하는 길은 두 갈래. 큰 길을 두고 절 앞쪽의 개울을 건너 산길을 택했다.

백운대에 이르는 300여m 산길 내내 흘러내리는 물소리가 청아하다. 산길은 의외로 사람들이 다닌 흔적이 많다. 함현 주지스님은 "참선하는 스님들이 틈날 때마다 백운대 마애불까지 다녀오기 때문"이라고 했다. 하긴 물소리에 귀뿐 아니라 마음까지 씻어낼 판이니 깨달음을 얻지 않을 수 있으랴 싶기도 하다.

백운대는 꽤 너른 바위로 봉암사계곡에서 가장 경치가 뛰어난 곳이다. 흘러내리

는 물소리만큼 물빛도 맑다. 널찍한 바위 중간쯤 조금 튀어나온 부분에 앉았다. 이곳을 두드리면 희한하게도 목탁소리가 난다.

백운대 왼쪽 바위엔 마애보살상이 새겨져있다. 백운대 뒤쪽 바위에 새겨진 '白雲臺'라는 글씨는 최치원 선생이 새겼다. 봉암사를 창건한 지증대사의 일대기와 봉암사 유래가 자세하게 실려 있는 지증대사 비의 글도 최치원이 지었다. 천년이란 세월이 지났지만 오늘날에도 거의 모든 글자를 다 읽어볼 수 있을 정도로 비석은 온전하다.

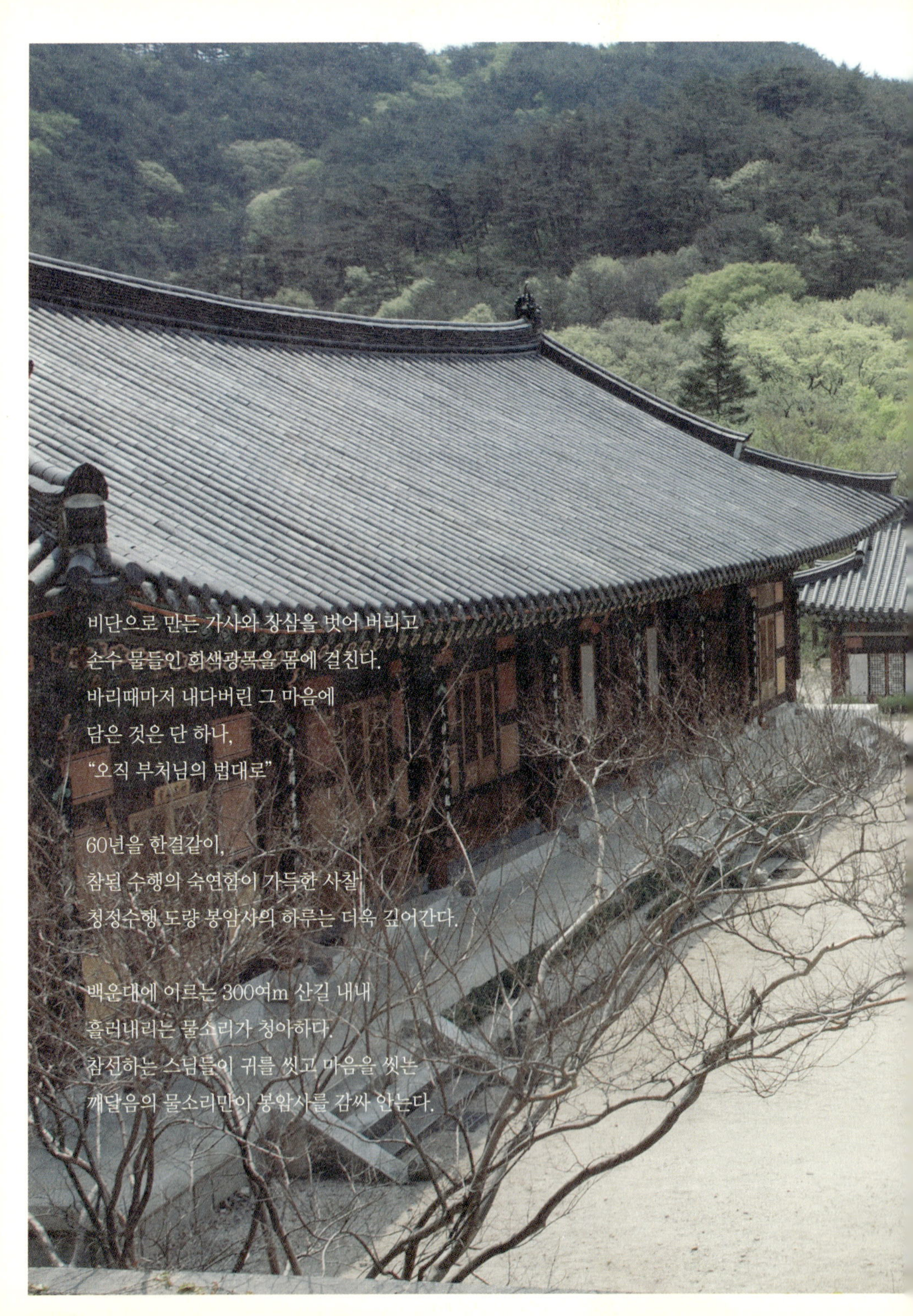

비단으로 만든 가사와 장삼을 벗어 버리고
손수 물들인 회색광목을 몸에 걸친다.
바리때마저 내다버린 그 마음에
담은 것은 단 하나,
"오직 부처님의 법대로"

60년을 한결같이,
참된 수행의 숙연함이 가득한 사찰
청정수행 도량 봉암사의 하루는 더욱 깊어간다.

백운대에 이르는 300여m 산길 내내
흘러내리는 물소리가 청아하다.
참선하는 스님들이 귀를 씻고 마음을 씻는
깨달음의 물소리만이 봉암사를 감싸 안는다.

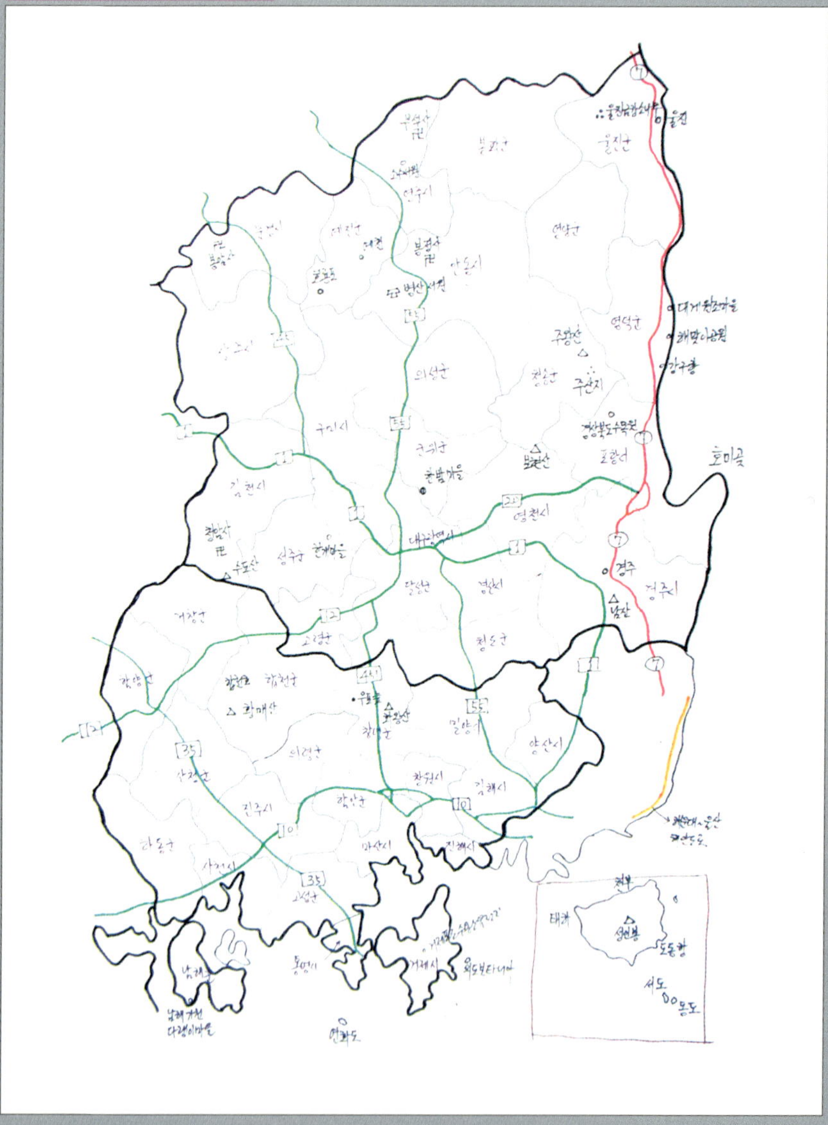
무섬산권
봉화군
울진금강송자연휴양림 울진
소수서원
영주시
울진군
권분삼산
대진현
태천
봉화산권
영덕군
문경시
봉초주
권봉황산
안동시
대게 원조마을
해맛이공원
강구항
죽장산
진보산
주산지
청송군
의성군
청송산
경상북도수목원
구미시
포항
춘밤마을
보현산
단위
호미곶
김천시
영천시
청암시
권
대가야박물관
수도산
성주군 합해마을
경주
거창산
소백산
경주시
남산
당림산
영천
청도군
함양군 합천호 합천군
황매산
운문
청량산
영화마을 밀양시
양산시
창녕군
의령군
김해시
산청군
사천산
창원시
진주시
함안군
부산 울산
광연고속도로
하동군
마산시
진해시
사천시
남해군
통영시
거제시
외도보타니아
남해 거천
다랭이마을
한라
천부
독도
성천봉
도동항
연화도
서도
동도

INDEX